城市政府环境治理注意力分配与权衡

唐海生◎著

HAN BOOK 版 武汉出版社
WUHAN PUBLISHING HOUSE

(鄂)新登字08号

图书在版编目（CIP）数据

城市政府环境治理注意力分配与权衡 / 唐海生著 .

武汉 : 武汉出版社 , 2024. 10. -- ISBN 978-7-5582-6928-8

Ⅰ. X321.2

中国国家版本馆 CIP 数据核字第 20246WE913 号

城市政府环境治理注意力分配与权衡

CHENGSHI ZHENGFU HUANJING ZHILI ZHUYILI FENPEI YU QUANHENG

著　　者：唐海生

责任编辑：杨　振

助理编辑：张　玥

封面设计：行迩文化

出　　版：武汉出版社

社　　址：武汉市江岸区兴业路 136 号　　邮　　编：430014

电　　话：(027) 85606403　　85600625

http://www.whcbs.com　　E-mail:whcbszbs@163.com

印　　刷：武汉鑫佳捷印务有限公司　　经　　销：新华书店

开　　本：787 mm×1092 mm　　1/32

印　　张：9.5　　字　　数：225 千字

版　　次：2024 年 10 月第 1 版　　2024 年 10 月第 1 次印刷

定　　价：78.00 元

目录

绪论

第一节　选题背景与研究问题的提出

一、现实背景

自 1978 年改革开放以来，我国经济飞速发展，年均 GDP 增速接近 10%（2020 年前），一跃成为世界第二大经济体。与此同时，部分地区为追求经济高增长而纷纷上马的高耗能、高排放、高污染项目，削弱了我国环境的承载能力，导致各种环境事故频发。尤其是在 2012 年底，我国部分地区遭遇大规模雾霾天气，北京等主要大城市 PM2.5 指数连续多日“爆表”，引发了社会各界的广泛关注。此外，水污染与土壤污染等问题也日益严重。根据生态环境部发布的《2018 中国生态环境状况公报》，截至 2018 年，在全国 10168 个地下水质监测点中，水质较差和极差的监测点占比高达 86.2%。（生态环境部，2019）土壤污染超标率达 16.1%，而重污染企业用地超标率更是高达 36.3%。（陈能场，郑煜基，何晓峰，李小飞和张晓霞，2017）

为了遏制生态环境破坏和环境恶化，缓解经济社会发展与生态环境治理之间的矛盾，环境治理保护工作日益受到党中央和国务院的重视。2005 年 12 月，国务院发布《国务院关于落实科学发展观加强环境保护的决定》，将地方政府环境保护纳入经济发展的评价体系，实行环保“一票否决”。在“十一五”规划期间，中央政府将主要污染物排放总量显著减少作为经济社会发展的约束性指标。2011 年 12 月，国务院印发《国家环境保护“十二五”规划》，明确将生态文明建设纳入地方政府政绩考核中。

党的十八大以来，生态文明建设在国家发展中的战略地位进一步得到凸显。十八大报告明确提出要将生态文明建设纳入“五位一体”的总体战略布局。十九大报告进一步强调了大力推进生态文明建设以实现“绿色发展”的重要性。

表 1.1 中央生态环境保护督察组发现地方政府不重视列表

轮次	省份	中央生态环境保护督察组反馈意见
第一轮	甘肃	“2018 年全省有 9 个市州未落实国家对限制开发区域的考核要求，继续考核 GDP 等经济指标。同时，绿色发展约束性指标落不下去，庆阳、张掖、甘南等市州资源环境类约束性指标内容普遍缺项漏项或降低标准。”（《中国青年报》，2020）
	海南	“重开发、轻保护情况仍然较为常见。”（《中国青年报》，2020）
	福建	“一些地方重发展、轻保护的观念还没有根本扭转，有的甚至要求保护为发展让路。”（《中国青年报》，2020）
	重庆	“一些地方和部门在推进生态环境保护工作中认识不够到位，行动不够自觉。” “一些区县对群众身边的生态环境问题重视不够，督察组现场抽查 29 件群众举报，发现有 7 件办理不到位。”（《中国青年报》，2020）
	青海	“落实生态优先绿色发展理念有差距。” “有关部门对此不重视、不监管，默许放任，导致部分区域盐渍化、荒漠化问题加剧。”（《中国青年报》，2020）

续表

轮次	省份	中央生态环境保护督察组反馈意见
第一轮	吉林	“有相当一批干部认为吉林生态环境本底较好、优势明显，对面临的生态环境问题缺乏清醒认识，对群众反映的突出环境问题重视不够。”（新华社，2017）
	四川	“一些地方和部门对中央生态文明建设和环境保护决策部署认识不深刻、不全面，对改善环境质量的重要性和紧迫性重视不够，发展与保护不同步、不协调。”（人民网，2018）
第二轮	吉林	“一些地方和部门对生态环境保护重要性、紧迫性的认识不够到位，存在‘缓一缓’‘歇口气’的想法。”（生态环境部，2021）
	辽宁	“沈阳经济技术开发区管委会生态环境保护主体责任落实不到位，重经济发展、轻环境保护，环境空气质量恶化明显，细颗粒物、可吸入颗粒物、二氧化氮和臭氧浓度均持续上升，化学工业园污水产生量远超污水处理厂处理能力，大量污水未经处理排放，未建设应急事故池。” “朝阳市政府对生活污泥无害化处置工程项目建设重视不够，对长期违法堆存污泥处置不力，污泥无害化处置工作推进严重滞后。”（《辽宁日报》，2022）

尽管党中央和国务院不断强调环境保护治理的重要性，但在中央生态环境保护督察组的调查中，多次发现地方政府仍存在“不重视”“重发展、轻保护”等行为（具体见表1.1）。例如，2017年，在第一轮第三批中央生态环境保护督察组对天津市、山西省、辽宁省、安徽省、福建省、湖南省、贵州省的反馈意见中，每一份最开篇均是针对地方政府不作为、作风问题的点名、点事批评，批评各地方轻视环保工作，做环保工作一时紧、一时松。（新华社，2017）2018年10月，中央生态环境保护督察组“回头看”发现，一些地方和部门仍存在“重发展、轻保护”等问题。中央生态环境保护督察组在向福建省反馈时直言，“一些地方重发展、轻保护的观念还没有根本扭转，有的甚至要求保护为发展让路”。

面对这一现实状况，亟须思考的问题就是，为何有的地方政府会对环境治理不够重视，为何他们会存在“重发展、轻保护”的倾向。

二、理论背景

无论是组织学还是政治学，都认为注意力分配在很大程度上决定了组织的行为选择。（Ocasio，2011；Baumgartner & Jones，1993）中西方学者一致认为政府注意力分配是影响政策制定和执行效果的关键因素。（Jones & Baumgartner，2005a；刘军强和谢延会，2015；庞明礼，2019；章文光和刘志鹏，2020；黄冬娅，2020；王仁和和任柳青，2021）正因如此，政府为何（不）关注某一问题，为何选择关注这个问题而不是那个问题，这一直以来都是公共管理学科中最核心、最迷人的问题之一（陈思丞和孟庆国，2016），也成为学者解释不同政府行为的重要视角（代凯，2017）。

西蒙认为，注意力是决策者选择性关注某些政策议题而忽视其他政策议题的过程。（Simon，1976）因此，注意力分配可具体分为注意力聚焦过程和注意力权衡过程。（吴彦文，游旭群和李海霞，2014）注意力聚焦过程是政府决策者搜寻、解释和聚焦某一具体政策议题的过程，是注意力分配的结果，最终反映为政府对某一具体政策议题的关注程度。注意力权衡过程则是在注意力空间有限的情况下，政府决策主体同时处理多个政策议题时，在政策议题间进行选择取舍的过程。具体表现为政府在不同政策议题间的注意力分配，增加某一议题的注意力资源，必然意味着其他议题的注意力资源减少。

在有关注意力聚焦过程的研究中，一类主要着眼于描述政府注意力在环境治理（王琪和田莹莹，2021；曾润喜和朱利平，2021；秦浩，2020；张海柱，2015；王刚和毛杨，2019；王印红和李萌竹，2017；李宇环，2016）、公共服务（文宏和赵晓伟，2015；吴宾和唐薇，2019；文宏和杜菲菲，2018）、城市基层治理改革（李娉和杨宏山，2020）、企业社会责任治理（肖红军，阳镇和姜倍宁，2021）等议题上的聚焦水平，并验证政府注意力在某一政策议题上的聚焦将会如何影响政府政策的制定和执行（赵建国和王瑞娟，2020；陶鹏和初春，2022；易兰丽和范梓腾，2022；章文光和刘志鹏，2020；谭海波，2019；申伟宁，柴泽阳和张韩模，2020；文宏和赵晓伟，2015；何兰萍和曹婧怡，2021；文宏和杜菲菲，2018；杨宏山和李沁，2021；李宇环，2016；庞明礼，2019）。

另一类则试图去识别和验证政府注意力聚焦高低的缘由。既有研究主要从宏观分权制衡、政党制度等宏观政治制度、舆论媒介等政府科层组织外部因素出发（陈思丞，2021；Bark &

Bell，2019），也有部分研究基于组织管理学中的高阶梯队理论，探究高层领导个人特质和心理特征等的影响（陈思丞和孟庆国，2016；陈思丞，2021；唐啸，周绍杰，刘源浩和胡鞍钢，2017；张军，高远，傅勇和张弘，2007；钱先航，曹廷求和李维安，2011；谭之博和周黎安，2015）。由于这些研究多将国家层面的机构或领导作为注意力聚焦主体（庞明礼，2019；陶鹏，2019），他们对政策议程有较强的控制能力，并处于政府科层组织内外信息沟通的关键节点，这些解释因素比较合理。而对于深嵌于多层级科层组织体系的城市政府来说（代凯，2017），其注意力聚焦可能受到这些因素的影响，但更可能是政府科层组织目标与官员个体目标在政策议题的指向、强度、规模及结构上的一种"注意力融合"（曾润喜和朱利平，2021），显著地受到科层组织规则的影响（周雪光，2003）。

对于城市政府而言，这一情况可能尤为突出。在单一制政治行政体制下，公众参与和其他机构对城市政府的制衡能力相对较弱（郑思齐，万广华，孙伟增和罗党论，2013），地方主政官员是地方政府政策议程的主要决策者。政府科层组织规则为地方主政官员注意力聚焦指明了方向，规定了他们的基本职责任务。（代凯，2017）比如，"下管一级"干部人事管理制度（张志坚，2009；Jiang，2018；Tang，Wang，& Yi，2022）、目标管理责任制（王汉生和王一鸽，2009；马亮，2013a）和横向竞争性晋升等科层运作规则直接影响着下级政府主政官员的职业生涯，从而决定了他们的注意力聚焦动机。这表明科层组织规则是引导地方政府注意力分配的初始条件，是理解地方政府注意力聚焦的重要因素。（代凯，2017）

基于政府的科层组织特征，现有研究主要采用案例研究方法，分别分析了组织结构（刘军强和谢延会，2015；Yan，

Yang, & Yuan, 2022; 陈家建, 2013)、层级关系(文宏, 2014; 练宏, 2016a; 周雪光, 2012; 吕捷, 鄢一龙和唐啸, 2018; 周飞舟, 2012; 折晓叶和陈婴婴, 2011; 陈家建, 2013; 王印红和李萌竹, 2017)对地方政府注意力聚焦的影响。少量研究则利用定量方法，从科层绩效考核制的角度分析了地方政府的注意力聚焦，但仅关注于省级或个别城市。例如，张程(2020)以某市为例，分析了科层运行中的“风险压力-组织协同”逻辑对政府注意力聚焦的影响。曾润喜和朱利平(2021)则从官员压力角度分析了晋升激励对省级政府环境治理注意力聚焦的影响。这些分析有助于我们理解地方政府注意力聚焦的体制性因素，但仍有很大的继续研究空间。(Bark & Bell, 2019)例如，基于大样本，对科层组织规则如何影响城市政府注意力聚焦的实证研究还较为缺乏，这导致难以捕捉和展示政府注意力聚焦的更多细节，也无法更好地回应组织注意力基础观所提出的焦点、结构、情境对于注意力的关联影响。(陶鹏, 2019)

如果说现有研究对政府注意力聚焦是解释不足而有待继续深入，那对地方政府在各政策议题间的注意力权衡过程的研究则是较为忽视。现有研究虽然普遍意识到政府的注意力资源是有限的(Simon, 1947; 张海柱, 2015)，对各政策议题的注意力之间呈现出零和博弈(Zhu, 1992)，增加对某一类议题的关注必然会导致对其他议题关注程度的降低(Alexandrova, Carammia, & Timmermans, 2012; Jennings, Bevan, Timmermans, Breeman, Brouard, et al., 2011)。然而，现有研究主要集中于探讨政府在公共服务、环境保护等政策议题上的注意力聚焦机制(曾润喜和朱利平, 2021; 文宏,

2014；文宏和杜菲菲，2018；Jiang，Meng，& Zhang，2019），却忽视了地方政府在分配对各政策议题注意力时的权衡过程。

权衡是组织决策的普遍特征。（Tetlock，1999）在公共政策制定过程中，对各政策议题进行权衡取舍一直是公共政策和公共管理的核心内容。（Nilsson & Weitz，2019）对于担负着经济建设、政治建设、文化建设、社会建设和生态文明建设等多项任务，并被要求保障“五位一体”统筹发展的政府来说，注意力分配的过程，就是必须在政治、经济、社会、文化、环境之间进行权衡取舍、寻求平衡的过程。（李晓明和傅小兰，2004）

虽然已有大量研究从晋升激励、政府间关系等角度解释了地方政府的权衡行为（O'Brien & Li，2017；杨爱平和余雁鸿，2012；吴敏和周黎安，2018；赖诗攀，2015），但这些研究主要是采用案例分析法和描述法，未对权衡进行科学的识别和测量（赖诗攀，2020）。另一些研究尝试通过判断不同任务间是否存在显著负相关来识别权衡行为。然而，任务间的负相关可能源于方程系统内含的结构性关系，负相关并不能够准确识别出任务间的权衡。（Berry，1986）此外，方程中的其他外生变量仅对某类任务支出的多寡进行解释，而非对权衡本身。（Berry & David Lowery，1990）赖诗攀（2020）基于Berry & Lowery（1990）的方法，在对权衡进行科学测量和识别的基础上，对城市路桥支出和排水支出间的权衡进行了解释，弥补了地方政府任务间权衡研究在实证上的不足。然而，该研究假定其他事项都外生于这两项支出，仅分析了路桥与排水两类事项的权衡。这种假定可能不符合政府决策现实，也可能使计量模型估计效率低下。（Adolph，Breunig，& Koski，2020）

从系统的视角来看待政府注意力分配（Jones & Baumgartner，2005a），基于整体注意力空间分析政府注意力在各种政策议题之间的权衡取舍，才能使分析具有政治和统计意义（Adolph et al.，2020）。然而，既有研究尚未从整体注意力空间这样的系统视角出发，对地方政府注意力权衡过程进行解释。

基于此，本研究希望回答一个核心理论问题：科层组织规则如何影响城市地方政府注意力分配。具体包含两个子问题：科层组织规则如何影响城市地方政府的注意力聚焦；科层组织规则如何影响城市政府注意力在整体注意力空间内的权衡。

三、研究问题的提出

基于以上现实和理论层面的考量，本研究旨在分析科层组织规则对城市政府环境治理注意力分配的影响。

在对环境治理困境的相关研究中，大部分文献认为地方政府环境治理注意力的不合理分配是造成环境治理困境的主要原因（Lieberthal，1997；冉冉，2013；Ran，2013），是开展运动式治理（Van Rooij，2006；荀丽丽和包智明，2007）、干部绩效考核制度和环境监督体系改革（Golding，2011；冉冉，2013）所要纠偏的主要对象。

现有环境治理注意力研究存在如下有待深入探究的空间：大部分研究将政府环境治理注意力作为一种分析工具而非中心（陶鹏和初春，2022），主要关注利用地方政府环境治理注意力解释财政开支、政策制定执行等方面，认为地方政府环境治理注意力分配有助于解释环境治理困境，也是改善环境治理的重要环节。近年来，一些以政府环境治理注意力为中心的研究，也主要着眼于用描述方法去勾勒国务院或省级政府在环境治理议题上的注意力聚焦及其变化情况。（王琪和田莹莹，2021；王刚和毛杨，2019；张海柱，2015；徐艳晴和周志忍，2020；

王印红和李萌竹，2017）较少的解释性研究则主要关注省级政府环境治理注意力聚焦。（曾润喜和朱利平，2021）然而，省级官员处于政府结构的高层，其晋升更容易受到政治经验等其他因素的综合影响（Opper & Brehm，2007），而城市以下政府则更多承担经济发展责任，面临更高的经济指标考核权重（罗党论，佘国满和陈杰，2015），两者可能受不同的组织规则约束。因此，基于省级政府的研究结论能否适用于市级政府，尚需进一步实证检验。

城市是环境影响的主角（郑思齐等，2013），也是环境治理考核（马亮，2016）和约谈问责（吴建南，文婧和秦朝，2018；吴建祖和王蓉娟，2019；石庆玲，陈诗一和郭峰，2017；王惠娜，2019）的重要主体。城市政府在环境治理中的注意力投入程度对环境治理改善至关重要。（王宝顺和刘京焕，2011）因此，要深入理解城市政府的环境治理行为，首先需要识别影响城市环境治理注意力分配的因素，发现城市政府环境治理注意力分配的重要影响因素。这将有助于我们更好地理解环境治理面临的挑战，并有针对性地制定政策，优化城市环境治理注意力分配，提高我国的环境治理绩效。

然而，当前的研究还存在一些不足：一方面，从研究对象来看，缺乏对城市政府这一环境治理主要责任主体的关注；另一方面，从研究方法来看，缺乏基于大样本实证的解释性研究；此外，从理论问题来看，缺乏对环境治理与其他政策议题间注意力权衡的探讨。这些不足导致我们仍然缺乏足够的实证基础来回答以下问题：为什么城市政府在环境治理方面的注意力聚焦较低；在环境治理上减少的注意力转移到了哪些其他议题上。

为了解决这些问题，本研究从组织注意力分配基础理论的视角出发，以城市政府环境治理注意力分配的科层组织背景为基础，分析科层组织规则对城市环境治理注意力分配的塑造作用。具体而言，本研究运用了LDA模型对2005年至2019年间的4864份城市政府工作报告进行分析，在对城市政府注意力分配进行系统测量的基础上，利用多维面板固定效应模型、似不相关回归模型等计量方法，去识别政府重要科层组织规则对城市政府环境治理注意力分配的影响。具体而言，本研究试图回答以下问题：

1. 政府的科层组织规则如何影响城市政府环境治理的注意力聚焦；

2. 政府的科层组织规则如何影响城市政府在环境治理与其他政策议题之间的注意力权衡。

第二节　基本概念界定

一、政府注意力分配

在概念层面上，政治与公共管理领域对注意力分配主体尚存在一定的模糊性，政府或政治领导者都可以被视为主体，这使得在学术讨论中出现了政策注意力、政治注意力、领导注意力等概念混用情况。（陶鹏和初春，2020）政策注意力主要强调注意力的客体层面，而政治注意力和领导注意力则强调政治主体。其中，领导注意力特指领导者作为主体，政治注意力则设定了与政治相关的主体范围，具体可包括权力机构、党派、政府等。（陶鹏和初春，2022）本研究主要侧重于探讨城市行政机构对环境治理注意力的分配，以政府环境治理注意力分配为研究对象，从主体和客体两个层面界定本研究的对象。

心理学将注意力定义为选择性地关注主观或客观信息的一个特定方面，同时忽视其他感知信息的行为和认知的过程。（陈思丞，2021）西蒙也认为，注意力是决策者选择性关注某些政策议题而忽视其他政策议题的过程。（Simon，1976）因此，注意力分配过程具体又可分为两个过程：一是集中关注某一议题的注意力聚焦过程，即“择”的过程；二是在多个议题间进行选择权衡的注意力权衡过程，即“选”的过程。（吴彦文等，2014）

注意力聚焦过程是决策者搜索、解释和聚焦某一具体政策议题的过程，是自动或有意注意所呈现的结果（Ocasio，2011），最终反映为注意力在某一具体政策议题上的分配水平。通过注意力聚焦，组织在既定的时间和资源预算约束下，将有限的时间、资源、努力分配到组织关心的部分具体事务上。（Ocasio，1997）

注意力权衡过程是在面临两个或两个以上政策议题时，由于注意力空间的有限性，决策主体在分配注意力资源时需要在政策议题间进行权衡取舍的过程，具体表现为政策议题间注意力的此消彼长，一个政策议题注意力资源占有的增加意味着其他政策议题注意力资源的减少。

本研究关注城市政府在环境治理议题上的注意力分配，即城市政府选择性关注环境治理议题而忽视其他政策议题的过程，具体分为城市政府环境治理注意力聚焦与权衡两个过程。城市政府环境治理注意力聚焦是指城市政府依据自身所处环境、信息、组织结构等要素的影响而聚焦于环境治理议题的过程，具体表现为城市政府在环境治理议题上的注意力水平；城市政府环境治理注意力权衡是指城市政府在同时面临环境治理与经济建设、政治建设、社会建设和文化建设等其他议题时，在环境治理议题与其他政策议题之间进行权衡取舍的过程，具体表现为环境治理与其他政策议题之间的此消彼长。

二、相对绩效

委托代理理论认为，在代理人的努力程度不易观察、经济绩效只是代理人努力程度的不完善指标的情况下，相对绩效考核有助于剔除那些影响不同代理人绩效的共同因素的扰动。（Edward & Rosen，1981；Holmstrom，1982）例如，不同城市经济绩效可能受到同一年份的宏观经济形势和政策的影响，将该市经济绩效与省内其他城市经济绩效相比，可以消除年度因素带来的干扰，更准确地评价该市的实际经济绩效。（周黎安，李宏彬和陈烨，2005）

在“垂直管理”制度所衍生的“逐级发包”体制下，地方政府官员面临着多目标复杂的激励结构，政府绩效目标难以测量、多个绩效目标的权重难以确定，采用“标尺竞争”和“相对绩效评估”可以有效提高激励的强度和吸引力。（Tirole，1994）因此，自20世纪80年代开始，官员升迁的标准就开始由过去以政治表现为主转变为以个人领导素质和经济绩效为主，通过相对绩效考核来激励地方政府官员通过绩效竞争实现政治晋升。（周黎安，2004）在相对绩效考核下，那些经济绩效排名相对靠前的地方官员能够获得更大的竞争优势。（叶贵仁，2010）这使得地方官员不仅要关注自身绩效，也需要关注其竞争者的相对位次（周黎安，2004；彭时平和吴建瓴，2010），即“绩效排名”。已有研究发现，相对绩效越高，地方官员的晋升预期就越高，越不可能在政府工作报告中隐藏经济绩效信息（刘焕，吴建南和孟凡蓉，2016），也越努力吸引新企业进入以促进经济增长（乔坤元，周黎安和刘冲，2014）。因此，在目标责任管理制和横向竞争性晋升考核制所衍生的晋升锦标赛下，本研究所说的相对绩效主要是指城市政府的相对经济绩效，具体是指该市经济增长率在省内城市间的排名。

三、向上嵌入

向上嵌入是指官员与负责其职位任免的上级官员之间的政治与社会联系。（Toral，2019）“嵌入”最初由波兰尼提出，后由格兰诺维特重新阐述（符平，2009），并提出了具有很强逻辑性和操作性的研究框架（林嵩和许健，2016）。在格兰诺维特看来，人是嵌入具体的、持续运转的社会关系之中的行动者，并认为建立在亲属或朋友关系、信任或其他友好关系之上的社会网络维持着经济关系和经济制度。（Granovetter，1985）政治和经济学者通常使用“嵌入性”和“嵌入自主性”来描述官员与当地社区之间的关系，发现地方官员向下嵌入当地社区会影响经济发展、公共服务供给等政府效率。（Evans，1995；Tsai，2007；Bhavnani & Lee，2018）

近年来，学者开始探究向上嵌入在政府科层组织中的作用，发现尽管在政府科层组织系统内有一套正规程序引导着资源和信息流动，但许多重要资源和信息沿着“非正式”关系渠道流动（周飞舟，2016），那些向上嵌入上级社会网络的官员能够获得更多财政转移支付（Jiang & Zhang，2020；Shih，2004）、权威（Jiang & Zeng，2020）和职业生涯保护（Tang et al.，2022），这对官员促进经济发展（Jiang，2018）、突破地方精英俘获（Jiang & Zeng，2020）和提高公共服务效率（Toral，2019）都具有重要影响。

四、城市政府

在中国行政管理体系中，城市按照行政级别可以分为直辖市、副省级城市、非副省级省会城市和普通地级市、县级市。直辖市直接归中央政府管辖，市委书记由中央政治局委员担任，拥有省级立法和管理权限，与省（自治区）平级。（江艇，孙鲲鹏和聂辉华，2018）县级市通常缺乏准确的统计数据，副省级城市、非副省级省会城市、普通地级市则在行政上受所在省份管辖。（魏后凯，2014）

在多层次的行政发包体系中，中央政府一般负责宏观政策目标的制定，省政府（包括直辖市）负责政策目标的细化，这两个层级的政府并不直接参与环境污染治理，而是由省辖下的城市政府担任直接责任者。例如，国务院在2013年发布的《大气污染防治行动计划》中将具体目标定为："到2017年，全国地级及以上城市可吸入颗粒物浓度比2012年下降10%以上，优良天数逐年提高。"（国务院办公厅，2013）同时，生态环境部（前环保部）也将城市作为环境治理考核（马亮，2016）和约谈问责（吴建南等，2018；吴建祖和王蓉娟，2019；石庆玲等，2017；王惠娜，2019）的关键主体，城市政府环境治理注意力投入程度对环境治理改善起到决定性作用（王宝顺和刘京焕，2011）。因此，除非特别说明，本研究所指的城市政府是指省以下、地级市及以上的城市政府，具体包括处于省级政府行政管辖范围内的副省级城市、非副省级省会城市、普通地级市。其中，由于副省级城市比较特殊，其政府机关行政级别定位为副省级，在行政上受所在省份管理，但其市委书记、市人大常委会主任、市长、市政协主席职务列入《中共中央管理的干部职务名称表》，其职务任免由省委报中共中央批准。（江艇等，2018）在随后的研究中，本研究在删除副省级城市数据后，检验了其对研究结论的稳健性影响。

第三节　研究的理论与现实意义

一、理论意义

首先，本研究丰富和拓展了政府注意力分配研究。一是将注意力分配主体由国家或省政府层面扩展至城市政府。目前，有关政府注意力的研究更多是将国家层面的领导（陶鹏和初春，2020）或机构（庞明礼，2019）作为注意力分配主体，少量地方政府注意力分配研究也更多聚焦于省级政府（曾润喜和朱利平，2021；陈那波和张程，2022；王印红和李萌竹，2017）或单个城市（张程，2020），对地级以上城市政府注意力分配的大样本研究相对较少。本研究在收集政府工作报告对政府注意力分配进行系统测量的基础上，将注意力分配的主体扩展至城市政府，增进了对地方政府注意力分配的理解。二是从职位晋升角度探究了科层组织规则对政府注意力分配的影响。现有政府注意力分配研究大多着眼于宏观政治制度、舆论媒介、领导者个人特征等因素分析国家机构和领导者注意力分配，较少关注科层组织规则对城市政府注意力分配的影响。（Breeman，Scholten，& Timmermans，2015；Bark & Bell，2019；陶鹏，2019）本研究基于组织注意力分配基础理论，从对城市主政官员职位晋升有重要影响的目标责任管理制度、横向竞争性晋升制度和“下管一级”干部人事制度出发，分析了相对绩效、向上嵌入对城市政府注意力分配的影响，从科层组织规则方面丰富和拓展了政府注意力分配解释机制的研究。三是增进了科层组织中非正式关系对政府注意力分配影响的认识。现有的政府注意力分配研究主要关注科层晋升规则（曾润喜和朱利平，2021；张程，2020）、组织结构（Bark & Bell，2019；Yan et al.，2022）和层级间关系（Breeman et al.，2015）等正式组织结构和规则，较少关注科层组织中的非正式关系的影响。本研究通过对向上嵌入在塑造政府注意力分配中的作用进行分析，从非正式关系角度丰富和拓展了组织因素对政府注意力分配影响因素的研究。四是从注意力权衡角度纵向拓展了政府注意力分配过程的研究。目前对政府注意力分配的研究主要关注政府在公共服务、环境保护等某一具体议题上的注意力聚焦（曾润喜和朱利平，2021；文宏，2014；文宏和杜菲菲，2018；Jiang et al.，2019），忽视了政府在各政策议题注意力分配时的权衡过程。本研究借鉴了财政支出项目权衡研究方法，基于整体注意力分配空间，在综合考虑环境治理、经济建设、社会建设、政治建设和文化建设等议题间相互依赖关系的基础上，实证分析了相对绩效、向上嵌入等科层组织因素对环境治理与其他政策议题间注意力权衡的影响。这不仅有助于纠正过往缺少关注注意力权衡的研究倾向，也从注意力权衡角度纵向深化了对政府注意力分配过程的理解。

其次，本研究补充和拓展了地方政府环境治理方面的研究。一是补充了地方政府环境治理中缺少的注意力分配机制这一重要环节。政府政策执行的过程可以被看作一个三步信息处理过程，即关注—解释—执行。（Ocasio，1997；Stevens，Moray，Bruneel，& Clarysse，2015）科层组织规则对政策执行的影响就表现为“科层组织规则—关注—解释—执行”四个环节，而政府注意力分配是分析环境治理政策执行的首要环节。然而，现有研究主要将政府注意力作为一种分析工具（陶鹏和初春，2022），少量以环境治理注意力为中心的研究也主要采用描述性方法分析环境治理注意力的配置与变化情况。本研究通过实证分析作为环境治理和问责重要主体的城市政府环境治理注意力分配机制，从相对绩效和向上嵌入两个方面探讨了政府环境治理注意力分配的变化机制，弥补了环境治理研究文献中对注意力分配变化机制研究的不足，为我们衔接科层组织规则—关注—解释—执行提供了系统的实证依据。二是有助于从注意力分配视角丰富环境治理措施评估研究。为改善环境治理，实施了运动式治理、干部考核制度和监督体系改革等措施。学者也对环保约谈等政策效应进行了评估。（冯贵霞，2016；李强和王琰，2020；吴建祖和王蓉娟，2019；石庆玲等，2017；王惠娜，2019；吴建祖和王蓉娟，2019）本研究通过对相对绩效、向上嵌入条件下环保约谈和制度环境突变对政府环境治理注意力分配的影响效应进行分析，从注意力分配视角丰富和拓展了环境治理政策效应评估研究，让我们认识到环境治理政策效应评估不应仅着眼于政策措施与最终效果之间的直接关系，还应考虑政策产生作用的科层组织条件，评估政策措施在何种条件下能够产生效果。

第三，本研究从注意力权衡视角丰富了官员晋升激励及其效应的相关研究。围绕着晋升锦标赛及其影响，产生了大量研究文献。（周黎安，2004，2007；Chen，Li，& Zhou，2005；Li & Zhou，2005；徐现祥和王贤彬，2010；Xu，2011；Yao & Zhang，2015；Yu，Zhou，& Zhu，2016）然而，现有研究往往利用处于政策输出阶段的财政支出数据，并在“生产性 / 非生产性”“经济性 / 非经济性”“可视性 / 非可视性”“可测性 / 非可测性”的二元分析框架中，基于其他因素与该二元因素独立的强假设前提，分析晋升锦标赛对环境治理、民生建设的影响。（于文超，高楠和查建平，2015；杨雪冬，2012；Cai，Lu，Wu，& Yu，2016；Carter & Mol，2013；Wu & Cao，2021；Mol & Carter，2006；Lieberthal，1997）这不仅忽视了政府决策过程，而且通过二元划分方式降低了政府决策的复杂性。本研究基于整体政策议程空间，在充分考虑各政策议题间高度相关性的基础上，从政府注意力分配过程的视角分析了晋升规则下相对绩效对政府议程优先性设置的影响，弥补了过往晋升规则影响研究中政府决策过程关注不足与假定其他政策议题完全独立的缺陷，为晋升规则及其影响提供了系统证据。

第四，有助于从注意力分配角度为非正式关系影响政府行为提供新的证据。学者逐渐意识到将非正式关系纳入理论分析的重要价值（周飞舟，2016），并开始探究非正式关系在政府中的重要作用。现有研究主要分析了非正式关系在职位晋升（Jia，Kudamatsu，& Seim，2015；Shih，Adolph，& Liu，2012）和财政等资源分配方面（Jiang & Zhang，2020；Bettcher，2005；Hillman，2014；Ike，1972）的作用，并认为非正式关系是政府间“共谋”的重要基础（周雪光，2008），能够使上级政府期望获得的信息得到准确传递（Jiang & Wallace，2017），便于合作操纵那些不利信息（Tang et al.，2022）。而且也发现非正式关系是上级政府动员下级政府的重要途径，通过非正式关系能够更有效地提升下级政府的努力程度（Jiang，2018）、公共服务效率（Toral，2019）和对弱势群体的政策回应程度（Jiang & Zeng，2020）。本研究考察了向上嵌入上级领导社会网络对政府注意力分配的影响，丰富了这一领域的研究。

第五，有助于增进对地方政策议程优先性排序的理解。议程设置是政策过程研究的热点。既有研究对政策议程设置模式、特定领域政策议程变迁、政策议程设置与变迁的影响因素、政策议程的间断均衡特征及成因进行了卓有成效的研究，有助于我们从总体上了解政府议程设置及其变化情况。然而，既有研究要么从宏观整体上关注我国总体议程设置模式，要么从微观上关注某一具体政策议题的变迁，缺少在中观层面基于整体政策议程空间对各议题优先性排序及其影响因素的分析。政策议题有着不同的优先性（Baumgartner & Jones，1993），缺乏对政策议程空间内各议题间关系的分析，导致我们难以理解地方政府政策议程优先性排序及其演化机制。本研究通过利用政府工作报告这一综合性官方政策文件，在对政策议程空间内各政策议题分布进行测量的基础上，从科层组织内部对官员有重要影响的相对绩效和向上嵌入两个维度探讨了议程空间内各政策议题的优先性排序及其影响机制，为我们打开了议程设置中政策议程空间这一“黑箱”，增进了对地方政府如何对各政策议题进行排序以及哪些因素塑造了这种排序的理解。

二、现实意义

本研究表明相对绩效和向上嵌入对城市政府环境治理注意力分配有重要的影响，而环保约谈和2013年后环境治理制度环境结构性突变的作用还相对有限。而在注意力空间内，各政策议题注意力之间存在着比较复杂的权衡关系。本研究结论也有一定的现实意义：

首先，有助于我们进一步完善我国官员考核体系，促进环境治理改善。本研究发现，在经济增长横向排名这一强激励下，城市政府会更偏向经济建设等议题，相对忽视环境治理。而环保约谈、环境治理制度环境的结构性突变尚难以有效抑制这种负面影响。为此，我们应在“五位一体”的目标引领下，进一步完善官员晋升考核制度，促进各项事业全面协调发展。但与此同时，本研究也告诫我们在设计官员考核制度时，应注意政策议程空间内各议题间的复杂互动。本研究发现，议程空间内各政策议题之间存在着复杂的权衡关系，而且不同情境和制度可能导致不同的互动权衡。因此，在设计官员晋升考核制度时，应该将其放置在整个议程空间中，查看该项制度在议程空间中引发的复杂互动和最终均衡结果。

其次，应重视非正式关系在科层组织体系中的影响，防止非正式关系对政策措施实施效果的影响。本研究发现，官员向上嵌入上级官员的社会网络构建了其行为的具体情境，对官员的注意力分配产生着重要影响。为此，在设计政府考核制度时，应注重将其放置于官员的具体社会网络中，查看其在该社会网络中将会如何强化、弱化或偏移。

第四节　文献综述

本节主要对与本研究相关的文献进行综述，以明确本研究的理论定位。首先，将对地方政府环境治理相关文献进行综述。其次，将介绍政府注意力分配影响因素的相关研究。再者，将讨论政府权衡行为的相关研究。最后，基于已有讨论进行总结，指出政府环境治理注意力分配研究的不足，即缺乏对科层组织规则构建下的组织情境对城市政府注意力分配机制的分析。

一、地方政府环境治理影响因素研究

进入21世纪以来，随着经济的快速发展和工业化进程，严重的环境污染问题已引起政府、公众和学者们的广泛关注。（Zhu，Li，Li，Wu，& Zhou，2020）普遍认为，我国面临的环境危机主要源自地方政府环境治理的失败，因此地方政府及官员被视为主要责任方。（冉冉，2013；Van Rooij，2006；Economy E. C.，2011）为此，学界开始关注地方政府环境治理的影响因素，并试图回答以下问题：地方政府环境治理为何会出现失灵或有效的情况。

（一）激励机制对地方政府环境治理的影响

环境治理的核心问题在于是否向地方政府提供了足够的晋升激励。（Ross，1984；Kostka & Mol，2013）自1978年改革开放以来，中央政府在保有对官僚机构人事管辖权以指挥管理大部分地方干部的同时（Chen Xi，2009；Xu，2011），将教育、医疗卫生、环境治理和扶贫救济等层层发包给地方政府（周黎安，2014），并通过引入目标管理责任制（TMRS）将地方干部目标完成责任制度化（Tang et al.，2022）。中央政府进一步通过建立基于目标完成绩效考核的晋升锦标赛制度（Li & Zhou，2005；周黎安，2007），为地方干部提高行政效率、促进地方事业发展提供强有力的激励。因此，我国形成了一个自上而下层层“纵向发包”与“横向竞争”有机结合的行政体制。（周黎安，2008）在这种体制下，地方政府被赋予很大的自主权去实现中央政府所制定和监控的目标。（Landry，2008；Lieberthal & Oksenberg，2020）而中央政府则通过官员治理体系来控制和调节地方政府的作用发挥。（张军，2005；周黎安，2007）

在过去相当长的一段时间里，上级政府对下级政府的考核主要基于经济发展绩效，GDP 增速成为关键的考核指标。由于 GDP 增速是一个明确可衡量的指标，而且与地方官员的努力程度相关，这使得以 GDP 增速为核心的考核制度成为一种强激励制度。在这种激励制度下，地方政府主要领导的最佳决策必然是全力提高本地的 GDP 增速（周黎安，2007；王永钦，张晏，章元，陈钊和陆铭，2007；Xiong，2018；Li & Zhou，2005；乔坤元，2013a；杨其静和郑楠，2013；罗党论等，2015），以期在激烈的横向竞争中脱颖而出。这种模式助推了我国经济长期持续高速增长。然而，以经济增长为核心的目标管理体系不仅本身缺乏对环境治理的激励，还可能降低地方政府的环境治理关注度。

首先，相对于经济发展和社会维稳等明确可衡量的“一票否决”的“硬指标”，环境保护仅仅是一项志愿性指标，激励性和约束力都相当弱。（冉冉，2013）例如在“八五”“九五”期间，虽然明确规定了对“三河”（淮河、海河、辽河）、“三湖”（太湖、巢湖、滇池）、“两控区”（酸雨控制区和二氧化硫污染控制区）等重点区域的环境治理以及减排目标，但由于未将环境保护纳入考核，难以对地方政府主政官员产生激励效果。（Wang，2021）最终导致“三河三湖”的治理任务仅完成计划目标的约 60%，而“两控区”内的二氧化硫排放量更是不降反升，与 20% 的减排目标相差甚远。在“十五”和“十一五”中，节能减排等环境治理目标都被写入了规划，并在“十一五”中被列为约束性指标，但在自上而下的压力传递框架下，地方政府仅将其作为一项任务来完成，缺乏建立环保长效机制的主动性，并未对地方政府环境治理行为产生实质性影响。（齐晔，

2013）此外，由于环境治理的长期性，地方官员频繁调整导致的任期缩短进一步削弱了环境治理的激励性，使地方政府主政官员更倾向于解决表面上较为简单的环境治理问题，而将复杂棘手的环境问题留待下一任主政官员处理。（Eaton & Kostka，2014）

其次，在多任务委托情境下，对经济增长的强激励挤出了环境治理。Holmstom & Milgrom 认为，锦标赛体制可能难以应对多项任务。而在“层层发包”的行政体制下，除了国防、外交、铁路、海关以及一些阶段性国家项目，招商引资、维稳、计生、竞技体育、灾后重建、大规模流行疾病控制、医疗、教育、环境保护、社会保障、食品安全、区域合作、安全监督等事务都发包给了地方政府。（周黎安，2014）在这种多任务委托的情境下，除非将相互竞争的优先事项纳入一个单一的综合指标，否则以晋升为导向的官员将“有选择地实施”国家政策，并将努力集中于他们认为是上级规定的优先事项上。（O'Brien & Li，2017）而且由于我国尚处于环境库兹涅茨曲线左侧，经济发展与环境保护被认为是一组难以同时实现的目标。例如，利用“两控区”政策的实施进行自然实验，采用三重差分法实证检验发现，“两控区”严格的环境保护政策会显著减少外资流入，从而降低当地的 GDP 增长率。（Cai et al.，2016）

在政府资源有限且目标直接相冲突的情况下，地方政府在面临经济发展、社会稳定和环境保护等多重任务的情境下，更倾向于处理经济发展和社会稳定等优先事项。（Hu，Yan，& Liu，2010；Schreifels，Fu，& Wilson，2012；周黎安，2007；薛冰和郭斌，2007；张凌云和齐晔，2010）梅赐琪对改革开放后浙江和湖北两省主要官员政治流动性的经验研究发现，由于自上而下的干部考核体系只看重地方干部在经济增长方面的政绩，造成了地方政府在环境治理上的偏向。（Mei，2009）此外，环境治理对政府资源的占用和对经济增长的负面影响也对地方政府官员的晋升产生不利影响。对地级市官员职位变动的研究发现，一个市政府在环保领域的开支增加实际上会对该市市委书记和市长的升迁产生负面影响。每当地区的环保投资占当地的 GDP 比例升高 0.36%，当地书记的晋升几率就会下降 8.5%。（Wu，Deng，Huang，Morck，& Yeung，2013）在这种情况下，地方政府为了争夺流动性要素和固化本地资源，实现自身经济利益最大化，倾向于采取“逐底竞争”的策略。在周边省份环境投入多时，地方政府才会增加本地区投入；而在周边监管弱的情况下，则会降低环境监管力度。（杨海生，陈少凌和周永章，2008）

环境治理面临的困境可能是多种因素综合作用的结果，但现有研究指出，在层层分包的碎片化环境治理体制下，激励机制在塑造地方政府环境治理行为上发挥了重要作用。（Lieberthal，1997；Jahiel，1998；Mertha，2008）然而，现有的激励机制从政治、物质和道德层面难以有效激励地方官员履行环保职责。（冉冉，2013；Ran，2013）具体而言，一方面，当前的干部考核机制对环境治理的弱激励，难以推动地方政府关注环境治理，进而导致地方政府环境治理的弱执行；另一方面，对经济发展、社会稳定等方面的强激励使得地方政府在经济、社会和环境之间的权衡中更倾向于优先发展经济和维护社会稳定，导致政策执行存在选择性。换句话说，现有研究认为当前权威配置和激励机制导致的政府注意力错配，是地方政府环境治理的主要障碍。（具体见图 1.1）

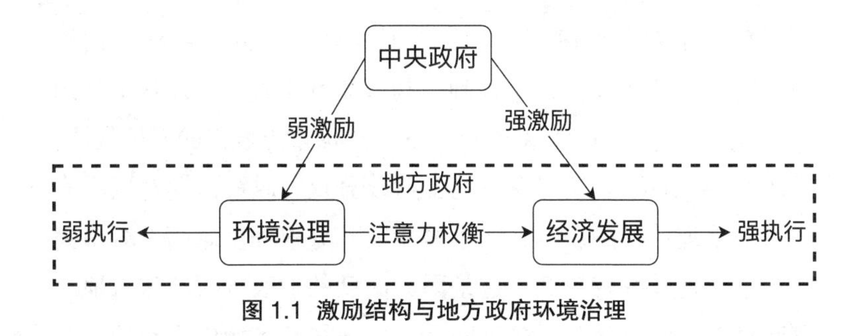

图 1.1　激励结构与地方政府环境治理

（二）地方分权对地方政府环境治理的影响

传统地方分权学派认为，地方政府更接近公众和环境，因此具有更高的信息优势，能够更快地获取环境信息和地方性知识，更有效地回应当地民众对环境治理的诉求，从而取得更好的环境治理绩效。（Andersson，Gibson，& Lehoucq，2006；Andersson & Ostrom，2008；Weibust，2013）然而，也有学者认为，地方分权导致了环境治理出现了“碎片化威权主义”，中央政府赋予了地方政府过多的权力，但难以有效控制其政策执行，这是环境政策执行困境产生的根源。（Lieberthal，1997）

学者们指出，我国环境治理呈现出明显的行政发包特征（温丹辉和孙振清，2018），并且表现出明显的地方分权倾向（冉冉，2019）。在这种分权体制下，中央政府主要负责提供宏观层面的环境政治话语、价值观、法律法规和政策工具，而地方政府则负责将这些政治话语、法律和政策转化为具体的环境治理绩效。（冉冉，2019）地方政府不仅是中央政府的代理，而且在政策制定和执行方面都拥有广泛的自主空间，这使得他们更注重并促进地方利益（Gong，2009），从而导致了环境治理所面临的困境（Economy E. C.，2011）。

在一系列实证研究中，学者们发现财政分权与环境治理呈现明显的负相关关系。孙静、马海涛和王红梅（2019）利用2010年至2015年间京津冀地区25个环保重点城市的面板数据，运用DEA–Tobit模型实证检验了财政分权、政策协同对城市大气污染治理效率的影响，结果显示财政分权程度越高，城市大气污染治理效率就越低，这是因为高度的财政分权意味着地方政府可支配的财政收入多，而高收入往往和区域内企业的生产规模成正比。另外，林春、孙英杰和刘钧（2019）基于2007年至2016年全国30个省的面板数据，利用系统GMM和门槛回归模型实证检验了财政分权对区域环境治理绩效的影响，结果显示财政分权对环境治理绩效有着显著的负向影响，并呈现出东部和中西部间的区域差异。此外，包国宪和关斌（2019）利用2012年至2016年间162个地级市的面板数据，构建了一个被调节的中介效应模型来检验财政压力对环境治理绩效的影响，研究结果显示，地方政府面临的财政压力越大，其环境治理绩效就越低，而公共价值冲突在其中起到了中介作用。换言之，财政压力使地方政府常常面临公共价值选择的困境和冲突，从而对环境治理绩效产生负面影响。

（三）公众参与对地方政府环境治理的影响

随着社会的不断发展，越来越多的公众开始有意识和有组织地表达对环境污染问题的关注和对环境治理的强烈要求。（陈占江和包智明，2013；Mertha，2008；张劼颖，2016；谭爽和胡象明，2016）既有研究发现，公众通过环境信访、投诉制度参与环境治理，能够有效影响地方政府环境治理偏好（Wang & Di，2002），促使地方政府改变政策执行的方式（徐斯俭，2010），并能对地方环保官员污染控制和执法活动产生影响（Wu，

2013），同时也能督促政策执行主体优化行为，让其通过政策营销重塑政府形象，改进政策执行方式，提高政策执行主体的能力和形象（陈晓运和张婷婷，2015）。

一般认为，由于公众参与公共决策的能力较弱，限制人口流动的户籍制度和城乡差别化政策也使得公众难以用“脚”选择与其偏好相一致的公共服务（郑思齐等，2013），因此人们预期公众对地方政府环境治理的影响会较弱。但实证研究发现，地方环境治理行为除受中央层面的政策影响外，也受到公众诉求和媒体曝光的影响。（Tilt，2007）其他的实证研究也证实了这一观点。例如，朱旭峰（2008）以2006年中华环保联合会进行的全国环境民间组织调查为基础数据，发现公众参与对环境治理具有实质影响，且影响力呈现逐步扩大趋势。郑思齐等（2013）利用2004年至2009年86个城市的面板数据，解析了公众诉求对城市环境治理的推动机制，发现公众对环境的关注程度能够有效推动地方政府更加关注环境治理问题，并促使其通过环境治理投资、改善产业结构等方式来改善城市环境治理状况，而且能够使环境库兹涅茨曲线更早地跨越拐点。于文超（2015）利用1997年至2010年间的省级面板数据，发现公众诉求对环境治理效率存在显著的正面影响，并且在政府干预能力较弱的地区，公众诉求对环境治理效率的正向影响越强。吴建南、徐萌萌和马艺源（2016）基于2004—2011年省级面板数据，发现公众参与在环境治理过程中的重要作用日益凸显，对于关系自身健康、生活质量的约束性环境污染指标和非约束性环境污染排放都具有显著的作用。

但也有研究认为，现有研究乐观估计了公众参与在环境治理中的影响。李子豪（2017）基于2003—2013年省级面板数据发现，环保组织的活动、人大环境议案和政协环保提案对政府环境立法产生了显著积极影响，而环保信访、网络环保舆论对环境立法的积极影响并不显著；环保信访、环保组织的活动、人大环保议案和政协环保提案都会对政府环境执法产生显著促进，但网络环保舆论对环境执法的积极影响不明显；网络环保舆论、人大环保议案和政协环保提案会对政府环境治理投资产生显著促进，但环保信访、环保组织对政府环境治理投资的积极效果不甚显著。屈文波和李淑玲（2020）基于2000—2017年省级面板数据，运用动态空间面板模型，发现总体上公众参与度的提高能够显著抑制污染排放，但存在地区差异，公众参与仅对东部地区降低环境污染有促进作用，对中、西部地区尚未表现出显著影响。而且公众参与主要通过政府正式环境规制对污染排放产生影响，对政府环境立法、环境执法的影响尚不明显。

此外，学者也发现，企业也在环境治理中扮演着重要角色，政府与企业间的伙伴关系创造了获取信息、技术及资金等资源的机会，促进地方气候行动以及有助于减排技术和新政策方法的引入（Westman & Broto，2018），是一种增强环境治理能力的有效形式。（Shen，2017）

（四）环境治理措施对地方政府环境治理行为的影响

中央政府主要利用运动式治理等非常规手段（Van Rooij，2006；荀丽丽和包智明，2007）以及改革干部考核制度、完善监督体系的科层制手段（Golding，2011；冉冉，2013）来影响地方政府的环境治理行为，从而提升环境治理绩效。

首先，运动式治理对地方环境治理的影响。运动式治理是一种在强有力的政治支持下自上而下地调动资源，以在一定期限内实现某项政策目标，解决某个政策问题的治理方式。（Liu，

Lo，Zhan，& Wang，2015；周雪光，2012）在政府体系中，运动式治理是集中地方政府注意力完成某一特定任务的重要方式。（周雪光，2012；陈晓运，2019；徐岩，范娜娜和陈那波，2015）然而，对于运动式治理对环境治理的影响，现有研究存在争议。一些研究认为，运动式治理可以长期有效地提高环境治理绩效。例如，通过评估2016年7月至2017年4月期间中央环保督察运动对全国355个城市每日空气质量的影响，发现中央环保督察对提高环境绩效产生了积极影响，并且这种积极政策效应不仅没有在环保督察后消失，反而在检查后进一步凸显并持续存在。这表明运动式执法可以成为政策制定者提高环境绩效的有效工具。（Jia & Chen，2019）另一项研究使用回归分析和深入访谈混合研究法，研究了禁止焚烧秸秆运动，发现运动式治理有效减少了秸秆焚烧现象，而且这种影响似乎是持久的，并且还可能对其他环境问题产生影响。（Wang，Wang，& Yin，2022）同样，利用间断回归法检验运动式执法在促进企业环境行动方面的有效性，发现中央环保督察与企业环境行动的重大变化有关。中央环保督察实施后，污染企业数量减少了48%，中央环保督察显著降低了工业化学需氧量排放量。（Wang，2021）然而，也有学者认为，运动式治理依赖短期的管理，无法确保长期有效性，运动式治理期间解决的问题可能在运动式治理结束后再次出现。在环保执法中被关闭的成千上万的污染企业，在运动结束后，监管机构恢复传统宽松做法时，其中的许多污染企业完全没有改变地重新开始运营。（Van Rooij，2006）此外，运动式治理所催生的“简单化”政策逻辑在具体实践中受到了现实复杂性的挑战。以政府作为单一能动主体的“命令—动员式”环保方式压抑了社会力量积极自主参与环保实践的动力，导致社会力量的参与空间变得狭窄、表达渠道变得阻塞，使得环境政策本身的盲点和缺陷难以得到纠正。（荀丽丽和包智明，2007）基于环保约谈的研究也发现，环保约谈作为一种应急式的运动式治理，虽然可以通过疏通政策执行中的“中梗阻”来暂时提高环境治理绩效（郝亮，黄宝荣，苏利阳和王毅，2017），但无法形成提升环境治理水平的长效机制（吴建祖和王蓉娟，2019；王惠娜，2019），微观上也只能导致被约谈地区企业的暂时减产行为，无法增加企业的长期环保投资（沈洪涛和周艳坤，2017）。

其次，干部考核制度改革对地方政府环境治理的影响。一般认为，地方政府主政官员不积极执行环保政策的原因之一是环境指标在干部考核指标体系中的地位相对较弱。将环境指标提升为“硬指标”，并赋予“一票否决”的权力，可以从政治上激励政策执行者，有利于改善地方环境治理的状况。事实上，近年来，中央政府在不断提升环境和能源指标在干部考核指标体系中的重要性。“十二五”规划将环境和生态保护提高到史无前例的重要位置，被国内外观察者赞誉为“史上最绿新政”。“十二五”规划中，共设置了7项约束性指标，以突显环境和能源问题的严重性。（Zheng，Kahn，Sun，& Luo，2014）如果地方政府未能完成上级政府分配的减排任务，政府将面临暂停批准建设新的污染企业、主政官员则面临可能失去晋升机会等处罚。（Xue，Mitchell，Geng，Ren，Müller，et al.，2014）研究表明，实施新的绩效管理系统成功增进了地方政府对节能减排的认识，转变了其行为方式。（韩博天，2018）将严格的环境目标纳入地方和国家五年规划是一项特别的政策工具，促使地方政府将环境任务置于更为优先的位置。（Kostka & Zhang，2018）梅赐琪和刘志林指出，目标考核和行政问责是推动地方政府节能减排的重要工具。（梅赐琪和刘志林，2013）有研究利用 2005—2015 年间市委书记职位变动数据，发现更高的经济绩效、更高的能源效率和更低的污染排放可以显著增加市委书记的晋升概率，经济绩效的影响略有下降，但仍占据主导地位，而污染物排放的影响则逐渐增强。（Jiang，Yang，Tang，& Bao，2020）另一项研究发现，自 2007 年起，传统的党委书记绩效评价标准逐渐被绿色 GDP 评价标准所取代，这使得降低大气污染排放的党委书记更容易获得晋升。新的评价标准不仅强调经济增长，也注重环境保护。然而，党委书记在第二个任期内保护环境的政治动机可能会减弱。（Zheng & Chen，2020）但也有研究发现，干部考核体系的改变，仅减少了空气污染的排放，而纳入强制性目标的水污染和没有纳入目标的烟尘排放并不受影响。（Liang & Langbein，2015）另外，以结果为导向的绩效管理体系可能对各种官僚群体产生不同的影响效应。（Liang，2014）

第三，监管体系改革对地方政府环境治理的影响。该类研究主要结合各项政策实践，通过实证检验来探究对地方政府环境治理的垂直监督和控制是否有利于推动地方政府环境治理行为的转变。

十八大以来，中央政府加大了对地方环境治理的监督力度，通过“河长制”“领导干部自然资源资产离任审计”等措施，夯实了地方政府官员在环境治理方面的责任，对政府官员实行“终身责任制”。（Kostka & Nahm，2017）研究发现，环境保护部通过设立六个区域监督中心，在核查“十一五”规划规定的空气污染目标方面发挥了关键作用，提高了排放数据报告的准确性，增强了地方监测和执法能力，从而遏制了地方的违规行为。（Zhang，2017）

对于“领导干部自然资源离任审计”的研究发现，这一举措使更多地方政府开始规避风险，强化了地方政府在环境治理上的责任，有利于提高地方政府的环境治理绩效。（刘儒昞和王海滨，2017）此外，这种审计措施能有效降低试点城市及其周边城市的空气污染程度（Feng，Wang，& Hu，2021），降低水污染的程度（Ma，Shahbaz，& Song，2021），并有效促进企业的绿色创新（Liu，She，Liu，& Tang，2022；康辰怿和张华，2021）。

针对“河长制”的研究得出了喜忧参半的结论。一些研究发现，“河长制”提高了环境治理协调效率（任敏，2015），降低了环境污染水平（李强，2018）。尽管在短期内可能会抑制地区的经济发展，但从长期来看能够实现环境治理和经济发展的双重红利。（王力和孙中义，2020）然而，也有研究发现，“河长制”的效果是异质的，在不同扩散模式下会呈现出不同的政策效果。由上级政府主导推广的“向上扩散”地区取得了成功复制的效果，但在地方政府主动模仿的“平行扩散”地区效果不明显。（王班班，莫琼辉和钱浩祺，2020）此外，“河长制”的组织运行存在着“阳奉阴违”式政策冷漠以及增加执政风险等困境（李汉卿，2018），这使得“河长制”虽然达到了初步的水污染治理效果，但并未显著降低水中深度污染物，存在治标不治本的粉饰性治污行为（沈坤荣和金刚，2018）。

2014年实施的环保约谈制度开始从“督企”转向“督政”，2016年中央将“党政同责”纳入环境监管体制，进一步将“督政”具体为“督地方党委”。围绕着“环保约谈”和“中央生态环保督察”等监督措施，学者们进行了丰富的研究以探究这些措施是否有效。

针对环保约谈的研究发现，环保约谈构建了“共识互动式”执行网络，能够实现环境管理体制内外环保监督权力的有效整合。（冯贵霞，2016）它对环境污染具有显著的负向影响，治污效力也远高于环境分权的政策效果，但环保约谈对环境污染的滞后效用有所减小，只是一种短期影响。（李强和王琰，2020）吴建祖和王蓉娟（2019）采用了2012—2016年283个地级市的平衡面板数据，利用双重差分法检验了环保约谈制度与地方政府环境治理效率之间的关系，发现它能够有效提高地方政府的环境治理效率，但效果逐年递减，缺乏长期效应。此外，研究表明，环保约谈的效果因约谈原因而异。如果被约谈是因为空气污染，那么约谈对空气污染有明显的治理效果，但如果不是因为空气污染被约谈，则约谈对空气污染没有影响。（石庆玲等，2017；王惠娜，2019）此外，对不同的污染物也有不同的影响。对于空气污染治理的重点污染物PM2.5和SO_2，约谈有明显的治理效果，但对其他污染物的改善效果并不明显。（石庆玲等，2017；吴建南等，2018）

针对环保督察这种“高位推动”的跨层级监督方式，既有研究则得出了较为一致的结论，认为其承载着以党中央权威和集中统一领导凝聚国家生态环境治理和生态文明建设共识的功能（陈贵梧，2022），增强了环保执法的刚性约束力（张国磊和曹志立，2020），对空气质量的改善起到了显著作用。此外，研究还发现，环保督察结束后，首轮督察和第二轮督察存在持续性（刘亦文，王宇和胡宗义，2021），具有一定的长期效应（涂正革，邓辉，谌仁俊和甘天琦，2020）。研究还表明，环保督察对AQI、PM2.5、PM10等都有显著的降低效应。（王岭，刘相锋和熊艳，2019）然而，也有研究发现，与首轮环保督察相比，

“回头看”的降低空气污染效应稍显弱化（王岭等，2019），对 PM2.5、O_3 的影响不显著（刘张立和吴建南，2019）。

综合来看，政府环境治理研究主要关注两个层面的问题：一是哪些因素在促进或抑制地方政府环境治理的积极性和效果；二是各项改善地方政府环境治理的政策措施是否有效。围绕着这些问题，学者们识别了科层激励机制、地方分权体系和公众参与等因素的影响，也评估了运动式治理、干部考核制度和监管体系改革等措施的有效性。尽管讨论涉及的因素和政策众多，结论有时也有显著差异，例如公众参与在改善地方环境治理中是否有效，运动式治理、干部考核制度和监管体系改革是否有效，我们应该实施“自上而下”（Beeson，2010；Lo，2015）还是“自下而上”（Gilley，2012）的环境治理。虽然存在着不同的研究视角和结论，但学者们大多认为，在公众参与和中央控制弱化的情况下，激励机制和地方分权所导致的地方政府环境治理注意力的不合理分配是环境治理困境产生的主要原因。（冉冉，2013；Ran，2013；Lieberthal，1997）同时，他们也认为，运动式治理（Van Rooij，2006；荀丽丽和包智明，2007）、干部绩效考核制度和监管体系改革（Golding，2011；冉冉，2013）等环境治理政策措施所试图解决的也是这种不合理分配。

近年来，学者开始直接关注政府环境治理中的注意力分配问题，以期从“注意力分配”这一视角来理解和解释环境治理困境，提高环境治理绩效。例如，王琪和田莹莹（2021）以1978—2021 年的国务院《政府工作报告》为研究依据，通过文本分析法探讨了国务院环境治理注意力的变迁规律。他们发现，自改革开放以来，国务院对环境治理的关注度逐步增加，但与对经济发展的关注度相比比重不高，并呈现出间断波动和易变性强等特点。而王印红和李萌竹（2017）则基于30个省、市地方政府自2006年到2015年共300份工作报告，通过文本分析法描述了省级地方政府生态环境治理注意力的变化。他们发现，在中央政府强调经济发展与当地环境资源承载能力协调的大背景下，地方政府将注意力大幅转向民生事务和生态环境，但增幅并不理想，并呈现出较大的波动性。秦浩（2020）以“十三五”期间20个省、市的环境保护政策文本为研究对象，通过NVivo12.0对政策内容进行统计分析，发现地方政府在注意力配置时未充分考虑环境治理的保障性措施，对重点任务的注意力分配不够优化，职权划分不明晰。申伟宁等（2020）则以京津冀为例,基于政府工作报告测度了政府生态环境注意力，发现2005—2020年，京津冀三地政府对生态环境的关注呈现波动上升趋势。其中，京冀两地政府的注意力趋势相似且程度较高，天津市政府的环境注意力较为平缓且程度较低。总体而言，政府对生态环境关注的增加有利于提高地方环境治理绩效。

同时，也有学者不再限于对政府环境治理分配整体性进行描述，开始对环境治理政策子领域展开分析。例如，徐艳晴和周志忍（2020）从生态环境治理中的环境信息这一微观视角出发，以法律和中央层面的政策文本为样本，分析了我国政府对环境信息质量关注的变化和分配规律。他们发现，我国对环境信息质量的关注存在长时间的空白阶段，近年来才开始快速增强，并主要围绕政府信息公开条例中强调的“真实性”“准确性”和“全面性”三大原则进行配置。王刚和毛杨（2019）基于1983—2016年国务院及各部委颁布的318项海洋环境政策文本，运用内容分析法和社会网络分析法，探讨了海洋环境治理中政府注意力的变迁。他们发现海洋环境治理中的注意力水平整体较高，呈现出一种波动式的缓慢上升的演变趋向，并在近期显现出持续增强的发展态势。

随着政府环境治理注意力分配的研究不断深入，学者开始探究地方政府环境治理注意力分配变化的原因。曾润喜和朱利平（2021）以“省委机关报环境报道数量”作为衡量省级政府环境治理注意力水平的指标，考察了晋升激励对省级官员环境治理注意力分配的影响。他们发现，晋升激励与省级官员环境治理注意力分配之间存在显著的“倒 U 形”关系。晋升激励可以分为外生激励如压力等，和内生激励如年龄等。他们的研究表明,在对省级官员环境治理注意力分配影响的重要性排序中，存在“压力 > 年龄 > 任期”的现象。

综上所述，关于地方政府环境治理的研究普遍认为，政府的注意力分配对我国环境恶化和治理都具有重要影响。（冉冉，2013；Ran，2013）在环境治理注意力分配的研究中，主要形成了两个基本脉络：一是将政府环境治理注意力作为一种分析工具而非以其为中心开展研究，该类研究主要将政府环境治理注意力视为一种话语方式，强调政府环境治理注意力合理分配在提高环境治理绩效中的重要作用（陶鹏和初春，2022）；二是以政府环境治理注意力为中心，着眼于描述政府在环境治理议题上的注意力配置水平及其变化，并试图利用政府环境治理注意力解释财政分配、政策执行等议题，然而，该类研究大多采用数据陈列等描述性方法，虽然少数研究开始探讨地方政府环境治理注意力分配的影响因素（曾润喜和朱利平，2021），但主要以省级政府为研究对象，将注意力作为研究对象，探究城市政府环境治理注意力分配机制的研究还较少。

在地方政府对环境治理议题的关注、解释、行动的环境治理政策执行过程中（张坤鑫，2021），稳定的注意力投入是环境治理的必要条件（秦浩，2020）。作为环境治理政策执行的关键主体，城市政府环境治理注意力的合理分配对改善环境治理政策执行、提高环境治理绩效具有重要作用。如若缺乏对城市政府环境治理注意力分配影响机制的研究，将难以全面地理解地方政府关注、解释、行动的环境政策制定与执行过程，也将难以引导城市政府合理配置环境治理注意力，推进环境治理绩效的提高。

二、政府注意力分配影响因素研究

注意力的研究最先起源于心理学。心理学家威廉·温特通过测量脑力加工速度（Mental Processing Speed），阐明了个体注意力从一个刺激自动转换到另一个刺激所花费的时间上的差异。注意的定义最早被提出是在1890年，心理学家威廉·詹姆斯在其著作《心理学原理》中写道："人人都知道什么是注意。它是心理以清晰而又生动的形式对若干种似乎同时可能的对象或连续不断的思想中的一种的占有。"（James，Burkhardt，F.，Bowers，F.，& Skrupskelis，I. K.，1890）20世纪40年代，西蒙将注意力这一概念引入管理学，并将其定义为决策者有选择性地关注某些信息而忽视其他信息的过程。（Simon，1976）在西蒙看来，在信息纷繁复杂的环境中，决策者只能利用有限的处理能力去预期行为后果、评估和选择备选方案。而组织是影响决策者注意力的关键，因为它限定了决策者接触到的刺激、接收刺激的渠道和面临的备选方案。如何有效规划组织结构，使决策者能够有效地配置其有限的注意力，提高信息处理能力以做出正确的决策，成为组织研究的核心。（Simon，1947）

在西蒙等已有研究的基础上，威廉·奥卡西奥（William Ocasio）提出了组织注意力基础观（The Attention Based View of the Firm），将组织视为一个注意力配置系统，认为组织通过注意力的加工和决策，将决策环境中的输入转化为一系列输出，即组织行动。（Ocasio，1997）组织注意力分配是决策者将自己的时间和精力用于关注、编码、解释并聚焦组织的议题(issues)和答案（answer）两个方面的过程。（Ocasio，1997）而个人认知、组织结构与决策情境在引导和分配组织决策者的注意力上发挥着重要作用。（Ocasio，1997）

布莱恩·琼斯（Brian Jones）和弗兰克·鲍姆加特纳（Frank Baumgartner）的系列研究率先将注意力引入政治学和公共管理学领域（Baumgartner & Jones，1993；Jones & Baumgartner，2005b），提出了“注意力驱动的政策选择模型”。布莱恩·琼斯认为，有限的注意力和注意力的转移是导致政策稳定和政策突变的基本原因。（Jones，1994）

为此，政治与公共管理学十分关注决策者的注意力在各个议题上是如何分配的，以及为何对一个议题的关注度会转移到另一个议题上。这两个问题分别涉及注意力分配中的聚焦与权衡过程。注意力分配的聚焦过程指政府决策主体搜寻、解释和聚焦某一具体政策议题，进而设定决策情境的过程，最终表现为政府在该具体政策议题上的注意力水平。然而，政府决策者在选择性地聚焦某些政策议题时，也会同时降低对其他议题的关注度。决策者的这个选择过程就是注意力分配的权衡过程。具体来说，注意力分配的权衡过程涉及议题间的注意力分配，是政府决策主体在注意力空间有限的约束条件下，如何在两个或两个以上政策议题之间选择性地分配注意力的认知和行动过程，最终表现为政策议题之间注意力水平的此消彼长关系，也就是说一个政策议题注意力水平的增长是以其他政策议题注意力水平降低为代价的。

认识到政府注意力在政策稳定和政策突变中的重要作用后，政治学和公共管理学学者开始以政府注意力为中心，关心哪些因素会对政府注意力聚焦和权衡产生影响，通过识别影响政府注意力分配的因素来探究政府注意力的生成和演化机制。

（一）政府注意力聚焦影响因素研究

通过梳理已有文献，本研究将这些因素分为如下五类：一是宏观政治制度背景；二是组织特征；三是舆论媒介；四是政策议题属性；五是领导者个人特征。

1. 宏观政治制度背景对政府注意力分配的影响

宏观政治制度背景构成了各级政府注意力分配的体制基础，对本国政府的注意力分配可能产生重要影响。由于各国采用的政治制度存在较大差异，各国学者都基于本国特殊政治制度，探讨不同政治安排对政府注意力分配的影响。

例如，美国学者更多立足于分权制衡理论，以多元主义视角分析议会等其他政治参与主体对政府注意力分配的影响。Flemming 等人对美国总统、议会和法院之间的注意力分配关系进行了系统研究，发现在民权和环境领域，美国总统的注意力分配受到系统议程的影响，倾向于参考系统议程来分配自己的注意力。（Flemming，Wood，& Bohte，1999；Light，1999）此外，当国会的支持率较低时，美国总统更可能将注意力分配给那些不重要或短期政策，以更好地掌控自己的政策议程。（Eshbaugh-Soha，2005）在国会的条件对其议程不利时，总统更倾向于推动政党议题；而在国会的

条件有利时，他们更可能推动那些涉及政党冲突的议题。（Cummins，2010）

由于许多欧洲国家主要采用多党制，政府由多党联盟组成。因此，欧洲学者主要关注政党联盟成员更换对政府注意力分配的影响。例如，Breeman 等人利用 1945 年至 2007 年荷兰女王议会演讲的文本数据集，研究了政党联盟变化对政府注意力分配的影响。他们发现，荷兰执政联盟的更换并不会导致政府注意力分配发生较大变化，新组建的政府只会略微改变主要政策议题的注意力分配。（Breeman，Lowery，Poppelaars，Resodihardjo，Timmermans，et al.，2009）而在比利时的多党制背景下，Walgrave & Varone 利用案例分析法发现，尽管 1996 年的“杜特鲁克被捕”事件创造了一个新的政策场所（新的议会委员会）和一个新的政策形象（警察部队的统一），但执政党联盟成员之间的分权制衡导致政府无法对注意力进行重大再分配。（Walgrave & Varone，2008）Martin 通过对比利时、德国、卢森堡和荷兰四个欧洲多党制国家的法案数据集研究发现，在政党联盟制国家中，政府注意力容易被分配在那些“宽松”的议题上，即只有政策议题对联盟中所有成员都有吸引力时，才容易得到政府注意力分配并进入政策议程，否则就容易被搁置。（Martin，2004）

2. 组织特征对政府注意力分配的影响

政府机构作为典型的科层组织，其运作与决策明显地受到科层组织不同规则的约束和影响。（代凯，2017）政府科层组织的规则、沟通系统和组织结构等对政府注意力分配产生重要影响（Ocasio，1997，2011；孙雨，2019；练宏，2015），不同的组织决策程序和过程显著地影响了政府的注意力分配（周雪光，2003）。

首先，组织晋升考核规则对政府注意力分配产生影响。曾润喜和朱利平（2021）基于省级面板数据发现，地方主政官员的晋升激励与环境注意力分配呈现一种“倒U形”关系，一定程度的晋升激励促进了省政府环境治理的注意力分配水平，而超过某一临界值后则会产生抑制作用。不仅正向激励会影响注意力分配，问责压力所带来的负向激励也会对政府的注意力分配产生重要影响。利用城市政府主政官员的批示数据研究发现，政府对那些涉及“一票否决”的事项也会给予较高的关注度。（张程，2020）

其次，政府科层组织结构也会影响其注意力分配。Bark & Bell（2019）将视野聚焦于具体官僚组织，分析官僚组织的结构如何影响其注意力分配。研究发现，组织结构因素在科层组织的注意力排序中扮演着重要角色，而决策者个人影响较小。具体来说，科层组织的自由裁量权大小、行政能力、财政拨款占比等都显著影响政府注意力的优先顺序。在组织中设立具有较高权力规格和特别任务目标的领导小组也会显著影响下级地方政府的注意力。刘军强和谢延会（2015）发现，主政者通过自主设置领导小组，能够有力地调动下级部门的注意力。然而，他们也发现，很多其他牵头部门为了推进本部门工作纷纷借助党政领导权威，导致领导小组过度设置，从而使领导的注意力被过度分割。研究者利用2003年至2019年中国共产党中央政治局会议和国务院常务会议数据，发现“领导小组”机制是共产党加强政府注意力分配控制的重要方式。（Yan et al., 2022）上级政府为了调动下级政府的注意力分配，还可以通过督察给予下级地方政府非常规性压力。上级政府通过督察机制释放强有力的信号，指明在某项政策议题上的“关键绩效目标”，

并将就此对党政系统主要领导进行重点问责，从而使下级政府将注意力聚焦在“关键绩效目标”上。（陈家建，2015）

最后，政府科层组织间的层级关系也是影响注意力分配的重要因素。Breeman 等人利用荷兰 6 个自治市在 25 年间的注意力分配变化数据集，发现中央政府的权力下放确实影响了地方的注意力分配，使得地方政府更加关注“教育文化”“住房”和其他与当地社区直接相关的事项。（Breeman et al.，2015）基于单一制政治制度背景，学者更多从上下级政府互动角度探究了政府注意力分配。这些研究发现，政府具有常规科层制中唯上负责的特征，地方政府会关注上级政府注意力分配，当上级政府关注公共服务与环境保护时，地方政府也倾向于增加在民生事务和生态环境等政策议题上的注意力分配。（文宏和赵晓伟，2015；文宏和杜菲菲，2018；王印红和李萌竹，2017）但在多委托三元差序格局中，上级政府并非呈现为一个整体，不同上级部门对下级政府注意力的调动能力有差异。这使得处于权威结构边缘的职能部门有时会舍弃业务指导权威，而是借助党委政府权威开展工作，采用“戴帽”的方式去竞争地方政府的注意力。（练宏，2016a）在层层分包、高度分权的治理体系下，上下级关系还处于相互竞逐双方注意力的动态场景之中。（张程，2020）上级政府常常需要以运动式治理、项目制、领导小组和督查机制等方式吸引下级政府的注意力。运动式治理往往落实于“党政双重权威”这样的制度安排上（周雪光，2012），通过政治引导和行政压力的方式来影响下级政府的注意力分配（吕捷等，2018）。“项目制”的核心在于上级政府用“项目”专项资金来吸引下级政府的注意力。（周飞舟，2012）然而，这种策略并不一定完全有效，地方政府会按照自

身目标对项目进行选择性关注，并诱发策略性应对行为。（折晓叶和陈婴婴，2011；陈家建，2013）

3. 舆论媒介对政府注意力分配的影响

社会舆论是政治系统的重要输入，学者也试图检验社会舆论是否能够影响政府的注意力分配。Jennings & John（2009）利用盖洛普“公众最关心的问题”与1960年至2001年英国历届新议会开幕式女王演讲文本数据集进行研究，发现政府注意力分配与公众舆论虽然会有短期调整，但长期处于一种动态均衡中。在不同的议题上，政府注意力分配对公众舆论的回应也呈现出异质性，政府注意力在宏观经济、健康、劳动和就业等议题上会在短期就给予回应，而对教育、法律和国防等问题则会表现出长期的回应性。Klüver & Sagarzazu（2016）对德国媒体2000年至2010年发表的4万多篇新闻报道进行量化分析后发现，政府注意力分配会受到公众政策偏好的影响，并且政策议题间的注意力竞争是政府回应公众关切的自下而上的过程，而非政府自上而下宣传塑造的过程。然而，Klüver & Spoon（2016）通过对欧洲18个国家1972年至2011年63次选举的面板数据进行研究，发现政治主体注意力分配对公众的反应存在异质性。规模较大的政党往往会对普通公众的政策偏好做出更加积极的回应，而较小的政党不会对普通公众做出及时回应，但会对其支持者所关心的议题给予更积极的回应。欧盟等超国家政治体的注意力也会对公众舆论做出积极的回应，Alexandrova et al.（2016）结合公众议题排序调查和2003年至2014年欧盟理事会注意力分配数据发现，公众认为优先的事项与欧盟理事会注意力分配之间存在适度的正相关关系。针对中国情境的研究也发现，公众通过网络问政平台表达的再分配诉求能够显著提升地方政府对再分配政策的关注水平。（Jiang et al.，2019）而公众对环境治理的关注也能够有效地提高地方政府对环境治理的关注度，从而推动地方政府环境政策的制定和执行，利用增加环境治理投资，改善产业结构等方式来改善城市的环境污染状况。（郑思齐等，2013；韩超，张伟广和单双，2016；于文超，2015）

也有研究发现，相比普通公众，组织起来的利益集团可能对政府注意力分配有更大的影响。他们不仅可以使劳工议题获得更多的注意力分配，而且能够使政客在面临普通民众和利益集团的冲突利益时更加关注特殊利益集团的利益而非普通民众的利益。（Otjes & Green-Pedersen，2019）而当外生新闻事件转移了人们对该议题的注意力时，利益集团偏好对普通民众偏好的政府注意力分配争夺效应会更加明显。（Balles，Matter，& Stutzer，2018）

媒体对政府注意力分配的影响也一直受到学者的高度关注。媒体信息的变化会影响政府注意力在不同政策议题和答案上的聚焦。例如，当媒体高度关注酒后驾驶问题时，这一议题将吸引更多的政府注意力分配，并迫使政府采用短期解决方法来采取行动。但当媒体对该议题的关注度降低时，政府对酒后驾驶的关注也会降低，并逐渐转向长期解决方案。（Yanovitzky，2002）但政府注意力对媒体信息的反应并非线性的，只有在媒体风暴的情况下（即媒体对某一特定议题的关注突然增加），政府才会增加对该议题的注意力分配。（Walgrave，Boydstun，Vliegenthart，& Hardy，2017）然而，这种焦点事件引起的媒体和舆论风暴，在促使政府注意力集中在解决该议题上时，也导致了其他议题被忽视。例如，Froio et al.（2017）利用英国政府注意力分配、媒体注意力、公众舆论等时间序列数据，发现意外事件的发生可能导致政府无暇顾及执政党在选举时所做的承诺。

近年来有研究者对媒体、公众、政府注意力分配之间的关系进行研究，发现新闻媒体可能在公众与政府注意力分配之间扮演着重要的中介角色。Vliegenthart et al.（2016）利用欧洲6个国家媒体对公众抗议活动报道与政府议程的时间序列数据集进行研究，发现媒体对某一问题的关注会引发政府在该议题上的更多注意力分配，但这种关系主要是以新闻媒体报道为中介的，即民众抗议本身并不直接影响议会的注意力分配，而是通过媒体报道产生影响。Sevenans（2018）利用问卷调查和嵌入式实验法进一步研究了这一问题，发现当一段信息通过媒体而非个人电子邮件传播时，会得到政府更多的关注。这表明，新闻媒体对政府注意力的影响在一定程度上是政府对新闻媒体的回应（新闻媒体的渠道效应），而不是对媒体报道内容的直接回应（信息效应）。有学者对新闻媒体内容进行了更细致的研究，发现新闻报道中的不同信息对政府注意力分配的影响也可能是不同的。在纷繁复杂的信息丛林中，政府官员往往缺乏时间去验证各种信息，因此更容易被那些“我们相信”“拥有者认为”和“谁的想法”等主观态度的信息所吸引，而非学术研究、支持数据、调查报告等客观经验数据。（García，2021）

4. 政策议题属性对政府注意力分配的影响

政策议题的特征是政府注意力分配的关键决定因素之一。（Rochefort & Cobb，1993）首先，政策议题的显著性是政策议题的重要特征。陈思丞和孟庆国（2016）在研究高层领导的注意力分配时发现，在问题机制下，不同部门为争取领导人有限的注意力而相互竞争，政策议题的重要性与问题严重性之和较大者才能赢得领导者的注意力。其次，根据与政府职能的相关度，政策议题可分为核心议题和非核心议题。与实现政府关键职能直接相关的核心政策议题更容易得到更高水平的注意力分配，并且更加稳定。（Alexandrova et al.，2012）不同政策议题的信息对政府注意力分配的影响也不尽相同。与核心议题有关的信息对政府注意力分配具有更大的影响，增加这些信息不会增加其他核心议题的注意力分配水平，而是会降低其他非核心议题的注意力水平。（Jennings，Bevan，Timmermans，et al.，2011）对中国情境的研究也发现，核心议题通常是政府主政官员的注意力焦点，对其他议题具有挤出效应，并且随着政府层级的降低，其核心议题对非核心议题的挤出效应会更加显著。（陶鹏和初春，2020）涉及集体行动和上访威胁信息的事项，地方政府会给予更多的关注。（Chen，Pan，& Xu，2015）第三，政策议题的模糊性与冲突性也会影响注意力分配。Matland（1995）提出的“模糊冲突”理论认为，政策具有模糊性和冲突性两大属性，当政策模糊程度与冲突程度都很高时，政策执行者仅会关注政策价值的宣扬而非政策的执行。（Olsen，1970）针对中国情境的研究表明，对于具有模糊特征的政策，地方政府会更关注上级主管部门对政策的具体解释与资源支持以及模糊政策中相对明晰的内容，从而对模糊政策进行“行政性执行”。（胡业飞和崔杨杨，2015）吴少微和杨忠（2017）进一步发现，针对模糊性高、冲突性高的政策，地方政府会重视并严格执行量化硬性指标，对无量化指标的内容则会模糊变通执行。

然而，Alexandrova（2016）指出，政策议题的属性并非静态的，而是动态变化的，受到政策议程设置过程中的参与者偏好（例如政党意识形态、个人偏好等）、环境特征（例如焦点事件、决策规则等）以及两者之间的互动影响（具体见图 1.2）。通过对欧盟理事会注意力分配文本数据集的研究发现，在欧盟理事会意识形态左倾和赤字日益严重的背景下，经济类议题的注意力水平不断上升。此外，那些非核心议题也可以通过强调其具有的经济特征要素来提高注意力分配水平。（Alexandrova，2016）另外，基于互联网问政平台的研究也发现，在发展型政府的背景下（郁建兴和高翔，2012），经济类议题更容易吸引地方政府的注意并得到回应。（李锋和孟天广，2016）此外，根据政府科层运作的"风险压力－组织协同"逻辑，那些符合"一票否决"、需跨部门协作解决的议题更可能获得情感强度更高的领导批示，而且"一票否决"事项会得到更多的注意力分配。（张程，2020）

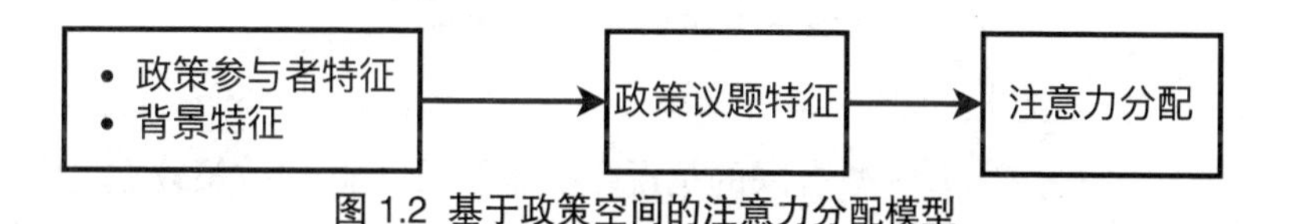

图 1.2　基于政策空间的注意力分配模型

5. 领导者个人特征对政府注意力分配的影响

组织管理学中的高阶梯队理论（Upper Echelons Theory）认为，组织高层管理者的特征（包括人口统计学特征和心理特征）对组织行为的选择有重要影响。沿着这一路径，许多学者探究了政府主政官员特征对政府注意力分配的影响。

陈思丞和孟庆国（2016）提出了类乐透模型，认为领导注意力分配受到议题重要性、问题严重性和领导人偏好三种因素的共同影响，通过问题机制与偏好机制起作用。只有当一个议题的重要性和严重性超过其他议题时，问题机制才会起作用。

而当问题机制不起作用时，议题与领导偏好的契合程度就成为其是否被关注的关键。由于注意力瓶颈，偏好机制产生的议题还会挤压问题机制产生的议题。此外，领导人的正式职务、身体健康状况、政治地位稳定程度等因素也都会对政治领导人注意力分配产生影响。唐啸等人（2017）对地方政府官员的微观调查数据进行研究，发现官员公共服务偏好也会影响地方政府注意力分配，具有服务偏好的官员会将更多注意力分配在环境治理上。地方主政官员还会根据任期进行策略性注意力分配。在任期初期，地方政府主政官员会更加关注当地的招商引资、经济发展等议题。然而，随着任期的持续或者面临年龄限制而即将终结任期时，地方官员的激励水平会弱化，导致目标函数和决策方式改变，从而降低对经济发展等经济议题的关注度。（张军和高远，2007；钱先航等，2011；谭之博和周黎安，2015）

（二）注意力权衡影响因素相关研究

注意力是一种稀缺的资源（Cyert & March，1963），政府决策者在注意力资源有限的情况下，需要在不同的政策议题之间进行权衡和取舍。（Anderson，2004；王刚和毛杨，2019）这意味着，政府决策者对某些政策议题的关注增加时，必然会导致对其他议题的关注水平降低（Kingdon & Stano，1984；Baumgartner & Jones，1993），从而使政策议题间注意力分配形成一种零和竞争的局面。（Zhu，1992）这种对某一政策议题的重视造成的对其他任务的忽视，即是此消彼长的注意力权衡问题（trade-off）。（赖诗攀，2020）在公共治理过程中，政府常常面临着如何在经济建设与民生保障、旅游开发与文化保护等议题之间做出艰难的取舍。

政治与公共政策学者早已关注到了注意力权衡现象，他们发现政府决策者必须在认知（simon，1957）和资源（Jones & Baumgartner，2005a）有限、决策议题相互依存（Baumgartner，Jones，& Mortensen，2018）的约束条件下分配自身注意力，对某个议题的关注可能会挤掉对其他议题的关注。（Jennings，Bevan，Timmermans，et al.，2011）既有研究发现，对核心政策议题关注的增加会导致对其他议题注意力的削减，但这种削减通常是中等规模的，一般不会将该议题直接挤出政策议程。此外，由于政府对不同政策信息的非对称性反应，核心议题与非核心议题的信息竞争会对政府注意力多样性产生异质性影响。与政府核心议题相关的信息增加会强化对该议题的关注，同时会挤出对其他非核心议题的关注。（Jennings，Bevan，Timmermans，et al.，2011）然而，现有研究仍停留在利用各类议题在议程中的占比变化来描述议题之间的权衡及其影响，而对于这种权衡如何进行及其影响因素等问题，尚未有详尽的解答。

鉴于政府注意力分配在政策制定和执行中的关键地位，越来越多的学者试图解释政府注意力分配机制。围绕政府注意力聚焦和权衡开展了广泛而多样的研究，使政府注意力成为前沿和热点问题。（陶鹏，2019）然而，在两个方面仍然存在可拓展的空间：

首先，基于科层组织规制所建构的组织情境对城市政府注意力分配的影响尚未得到充分研究。既有研究往往聚焦于少数国家政治领袖或机构。（庞明礼，2019；陶鹏和初春，2020）由于这些注意力分配主体具有更强的议程控制权，并位于组织系统内外沟通的重要节点，因此大量研究都着眼于宏观政治制度、舆论媒介、领导者个人等因素，探讨政府注意力分配机制。然而，将深度嵌入中央省、市多层政府行政体制的城市政府作为注意力分配主体，以及这种多层科层组织规则所建构的组织情境是如何影响城市政府的注意力分配的研究仍然不足。（Bark & Bell，2019；Breeman et al.，2015；陶鹏，2019）

其次，对政府注意力权衡过程机制尚缺乏解释。既有研究都认识到政府的注意力资源是有限的（Simon，1947；张海柱，2015），各政策议题之间的注意力分配呈现出零和博弈的特征（Zhu，1992），增加对某一类议题的关注度意味着必然降低对其他类议题的注意力水平（Alexandrova et al.，2012；Jennings，Bevan，Timmermans，et al.，2011）。因此，注意力分配过程实质上是决策者选择性地关注某些信息而忽视其他信息的过程。（Simon，1976）这种选择性关注和忽视过程就是注意力权衡过程。然而，目前对政府注意力分配的研究主要集中于探讨政府在公共服务、环境保护等某些方面的注意力分配机制（曾润喜和朱利平，2021；文宏，2014；文宏和杜菲菲，2018；Jiang et al.，2019），对注意力权衡的研究仅停留在利用各类议题在议程中的占比变化来描述议题之间的权衡及其所带来的影响，而忽视了对地方政府注意力权衡过程机制进行理论分析和解释。

三、政府任务间权衡识别及其影响因素研究

面对多重任务时，政府由于资源有限性的约束，必须进行权衡取舍。针对这一现象，学者早已开展了相关研究，为我们提供了分析政府注意力权衡的理论和方法启示。因此，本节将从权衡的识别与测度以及权衡影响因素两个方面对现有研究进行综述。

（一）政府任务间权衡的识别与测度

财政支出的权衡是政治经济学中一个重要的议题。然而，在早期的研究中，大多数文献只是描述性地确认和解释权衡存在的方式（Hendrick & Garand，1991）。随后，学者们尝试采用二元回归分析的方法来识别国防支出和福利支出之间的权衡关系（Russett，1970）。这种方法因为便于识别支出之间的权衡关系而被广泛运用，学者们在不同背景和数据基础上运用这一方法来识别国防和福利支出之间的权衡（Peroff，1976；Peroff & Podolak-Warren，1979；Wilensky，1974；Ames & Goff，1975；Caputo，1975；Hayes，1975）。然而，简单的二元回归模型没有控制其他因素对福利支出的影响，导致得出的国防和福利支出之间的关系可能是虚假的。（Russett，1982）

Russett（1982）提出采用多元回归来识别支出权衡，以完善支出权衡识别方法。他运用 1941 年至 1979 年的美国联邦政府支出数据，以联邦政府国防支出的变化率为自变量，分别将教育和健康支出的变化率作为因变量，在控制了经济、政治和人口统计变量变化的情况下，发现联邦政府的国防支出和福利支出之间并不存在显著的权衡关系。这项研究在支出权衡识别上有两方面的进步：一是强调了权衡关系发生在边际支出上，需要以支出增量或减量为观察对象; 二是构建了多元回归模型，在控制了多种因素的情况下检验竞争关系，避免了二元回归模型可能存在的虚假关系。Russett 用于识别支出权衡的方法被称为“ROCOA”（Regress One Category On Another）模式，即以一类支出对另一类支出进行回归的方法来识别支出权衡关系。（Berry & David Lowery，1990）

Garand & Hendrick（1991）进一步改进了支出权衡识别的

建模和测量方法。他们利用 1948 年至 1984 年美国各州的支出数据，发现在某些情况下，美国各州确实发生了支出权衡。他们主要通过三个步骤来识别各州的支出权衡：（1）使用各州财政支出与个人总收入的比率变化来衡量交通、教育、福利以及健康和医疗等财政支出变化。（2）在每个州的数据上，以某一类财政支出的变化为因变量，以其他三类支出的变化为自变量，在控制其他外生变量的基础上构建多元回归模型。对每个州的每一类支出，都采用上述方式建模以估计相应系数，最终得到了 200 个方程。（3）通过系数分布判断是否存在支出权衡，若系数显著为负，则表明两类支出间存在权衡。Hendrick & Garand（1991）以 Garand & Hendrick（1991）所得的权衡系数为因变量进行混合分析，发现总支出中占比较高的支出项目，在联邦政府审查和各州人均收入较低的情况下，往往会表现出更强的权衡。

Berry & Lowery（1990）从两方面对"ROCOA"模型进行了批评：（1）"ROCOA"模式可能无法准确识别任务间的权衡。在"ROCOA"模式下，由于方程系统内含的结构性关系，导致即使任务间不存在权衡，也可能出现估计系数显著为负（Berry, 1986），即系数为负并不代表着任务间存在权衡。（2）"ROCOA"模式即使有效，它也仅识别和描述了支出权衡的大小，无法为政府任务间的权衡提供理论解释。在"ROCOA"模式中，外生变量系数衡量的是对某类财政支出占比变化的影响，而非对权衡的影响。因此，在"ROCOA"模式下，添加外生变量对解释政府任务间权衡的影响机制可能并不具有理论上的意义。

基于对"ROCOA"模式的批评，Berry & Lowery 开创了支出权衡研究的新范式，对支出权衡关系进行了分类，并提出了支出权衡测量指标，试图为支出权衡提供理论解释。

Berry & Lowery 根据待分配总量在支出权衡中是事先固定还是浮动，将支出权衡分为固定总量权衡和浮动总量权衡。固定总量是“事先确定的一笔钱”，而浮动总量则是“决策者同时决定分配总量的大小以及在 A 与 B 之间的分配比例”。此外，他们还根据不同支出项目的决策是否具有时间先后顺序将支出权衡进一步分为序列决策支出权衡和同时决策支出权衡。序列决策支出权衡指的是在权衡 A 和 B 两个项目时，先确定 A 项目的支出，然后再确定 B 项目的支出。这种情况下，B 项目的支出不在考虑范围内，一旦确定了 A 项目的支出，B 项目的支出也就相应确定了。因此，在此情境下只需要考虑 A 项目支出的影响因素。与此相反，同时决策支出权衡指的是需要同时考虑 A 和 B 两个项目的支出。在这种情况下，A 项目的增加必然导致 B 项目的减少，反之亦然，因此 A 和 B 之间形成了零和博弈的关系。因此，应以“A 的增加以 B 的减少为代价的程度”作为因变量进行研究。

为了衡量项目之间的权衡程度，Berry & Lowery 提出了两种方法：“比例标准”法和“修正差分”法。比例标准法根据 A、B 两个项目获得的资金占总资金的比例的差异来计算支出权衡程度，而修正差分法则以差分修正的方式构建支出竞争测量指标。两种方法都能够衡量 A、B 两个项目间的权衡程度，正值表示 A 项目从增量中获得的比 B 项目更多，或者从减量中获得的比 B 项目更少，负值则相反。然而，Berry & Lowery 又指出，比例标准法容易受到极端值的影响而产生模型估计偏差，而修正差分法则能够提供更可靠的分析结果。

Berry & Lowery 基于美国联邦政府层面的数据分析了美国国防和国内支出之间的权衡，而 Nicholson-Crotty et al.（2006）则将此框架应用于美国州级数据。尽管 Berry & Lowery 提出的权衡策略方法能够有效捕捉两个类别之间的权衡，但无法衡量与其他支出项目之间的潜在权衡。实际上，权衡往往不仅限于两个项目之间，还包括其他项目，形成了一场“所有人对所有人的战争”。仅关注两个项目之间的权衡，假设其他项目完全外生，既不符合政府决策的实际情况，也会降低统计效率。（Adolph et al.，2020）

由于多个项目支出之和占总支出的 100%，因此项目支出数据实际上构成了一种成分数据。（Aitchison，1982）因此，Philips et al.（2016）提出利用项目支出占比的对数来衡量多个项目间的权衡程度，并利用美国联邦政府数据证明了该方法的适应性。Lipsmeyer et al.（2019）将该方法扩展到州级政府支出的权衡研究中。Yu et al.（2019）则利用该方法分析了美国各州政府所有支出项目的权衡影响因素。

（二）政府任务间权衡的影响因素

在研究政府任务间权衡时，更多关注于方法学的示范，试图准确识别和衡量任务之间的权衡，而不是对权衡的存在与大小给予理论解释（Yu et al.，2019），这导致对政府任务间权衡的明确解释还相对较少（Hendrick & Garand，1991）。总的来说，现有研究主要从党派与意识、激励机制和府际关系方面对政府任务间权衡进行解释。

1. 党派与意识形态对政府任务间权衡的影响

Berry & Lowery（1990）从军事冲突（武器、征兵、备战）和地方行为等影响国防支出因素，以及老人和贫困人口、意识形态、总统选举年等影响国内支出因素，对国防和国内支出、转移和消费支出的权衡进行了研究，试图解释美国财政支出的权衡情况。Hendrick & Garand（1991）分析了意识形态和政党更替对权衡的影响，发现它们可能在这一背景下并不像其他情景中那样重要。Nicholson-Crotty et al.（2006）发现，自由主义倾向会使政府在福利健康与交通、教育项目的权衡中更倾向于前者。Lipsmeyer et al.（2019）则分析了政党对权衡的影响，发现美国民主党更倾向于支持福利、健康和医疗等社会服务项目，而共和党则更倾向于支持教育。Yu et al.（2019）综合分析了政党和意识形态对所有项目间权衡的影响，发现民主党和自由主义意识形态会使再分配支出在权衡中胜出，而共和党则会导致支出转向发展开发支出。当税收和支出限制日益严格时，党派对权衡的影响也会越来越显著。

2. 激励机制对政府任务间权衡的影响

多任务委托模型认为，组织的激励系统能够在不同任务间进行注意力的分配。当面临多项任务时，委托人更倾向于将注意力集中在那些强激励、易于测量的任务上，而忽视那些弱激励、难以测量的任务。（Holmstrom & Milgrom，1991，1994）欧博文和李连江（2017）早在1990年就注意到基层政府中存在着任务间权衡的现象——“选择性执行”。他们发现，农村基层干部通常会全力以赴地推动税费征收、火葬代替土葬的改革以及计划生育政策的执行，但忽视或拒绝执行一些受到农民欢迎的政策，如禁止摊派、保护和尊重农民权益等。对此，他们认为，基层政府之所以作出这种任务权衡，是政府干部管理规则与当地实际条件和激励结构相互作用的结果，而激励结构在其中扮演着尤为重要的作用。周黎安（2007）指出，在政治集权和经济分权的制度背景下，地方官员之间的“晋升锦标赛”为经济发展提供了强激励，导致地方政府偏好替代和激励扭曲，使地方官员以 GDP 替代居民的多样化偏好，只关注那些能够被考核的指标，而对那些不在考核范围或不易测度的任务不予重视。

沿着这一思路，学者们利用晋升激励解释了地方政府存在的大量任务间权衡行为。例如，傅勇和张晏（2007）通过分别建立财政分权、地方竞争等外生变量对基本建设支出占比、科教文卫支出占比的回归模型，发现在晋升激励作用下，地方政府会在基本建设投资和科教文卫权衡中偏向于前者，以推动地区经济增长。王贤彬和徐现祥（2009）发现地方官员会加大基础设施建设投资以积累资本促进经济增长。王媛（2016）发现晋升激励会导致地方官员策略性的权衡行为，他们会在任职关键时点增加具有短期增长效应的经济性公共品投资，而具有长期投资属性的社会性公共品投资会随官员任期年数增加而减少。张牧扬（2013）则发现，这种权衡在官员中存在异质性，在那些个人能力较高的官员的任期内，地方财政在基本建设方面的支出比重显著上升，而教育和公检法方面的支出显著下降。而能力较低的官员则可能增加社会性支出以掩盖自身能力的不足。何艳玲等（2014）发现，在晋升激励的作用下，城市政府不仅会更倾向于能够创造财政收入和促进经济增长的支出项目，而且在支出空间上也会出现偏差，将财政支出偏向市场竞争强者所在的区域。尹恒和朱虹（2011）基于对 2067 个县（市）级政府财政支出的研究发现,县级政府也存在着显著的生产性支出偏向。

而且，晋升考核带来的政策偏向不仅限于经济增长等生产性支出，还表现在可视与可测等任务上。从公共产品的可视性视角出发，吴敏和周黎安（2018）发现，官员绩效考核会显著提高可视化公共产品的供给，而对非可视型公共产品供给无影响。而从绩效是否可测的角度，赖诗攀（2020）发现，锦标赛强激励通过相对绩效和短期政绩信号两个机制塑造了绩效易测与不易测任务间的权衡，导致了可测任务财政支出对不可测任务的争夺。

基于环境治理与经济发展之间关系的研究发现，由于晋升标准的不适当和不平衡，地方主政官员会偏向促进经济增长，而忽视环境治理。（Mei，2009）而且这种偏向即使采用运动式治理也无法“毕其功于一役”地解决。（荀丽丽和包智明，2007）

3. 府际关系对政府任务间权衡的影响

也有学者从一体化、多层次的政治行政体系出发，分析了上级政府对地方政府任务间权衡的影响。郁建兴和高翔（2012）认为，分权的财政体制并非地方政府演变为发展型政府的充要条件，而是由于横向问责机制对地方政府行为缺乏有效约束力和中央政府较少具备塑造地方政府行为模式的渗透性权力。但Edin（2003）并不这样认为，她认为改革开放以来，中央政府对地方政府的控制力不仅没有减弱反而有所增强，中央政府对不同政策议题的偏好会直接影响地方政府的权衡倾向。地方政府之所以偏向经济发展，是因为中央政策的优选项就是经济发展。

王汉生和王一鸽（2009）具体分析了上级政府如何影响下级政府的政策排序。他们认为，上级政府利用目标管理责任制，通过软指标、硬指标、量化指标与非量化指标、考评方法的设计、奖励方法的设计等方式对任务进行了排序，最终影响了下级政府的权衡行为。唐睿和刘红芹（2012）以社会保障支出占地方预算内财政开支总额的比例来衡量地方财政支出结构，并以中央政府重视程度、控制程度和经济增长率等自变量系数的正负来识别地方政府权衡，发现地方行为已不同于“晋升锦标赛”所归纳的以 GDP 增长为主要目标的一元竞争模式，而是演变为社会公平和经济发展的二元竞争模式。

基于治理情境的政府任务权衡研究对政府任务权衡进行了初步的识别与测量，但很多研究未对权衡进行科学识别与测量，且都未对激励结构与选择性执行的命题进行直接检验。（赖诗攀，2020）为此，赖诗攀（2020）以城市路桥支出和排水支出为例，在一个由委托方（中央政府）—监督方（省级政府）—代理方（城市政府）构成的科层组织背景下，分析了激励系统、工作设计、沟通系统、非常规外部事件等对城市政府在路桥和排水间支出权衡的影响。结果显示，强激励通过相对绩效和短期政绩信号塑造了两者之间的权衡。此外，这种强激励还导致了监督方行政控制、代理方机构设置及外部事件央媒问责等制约权衡机制的失效。

既有研究对政府任务间权衡给予了大量关注，并试图从晋升激励、政府间关系等角度对权衡机制进行解释。（O'Brien & Li，2017；杨爱平和余雁鸿，2012；吴敏和周黎安，2018；赖诗攀，2015）然而，这些研究要么采用案例分析法和描述法，未对权衡进行科学的识别和测量，要么基于“ROCOA”模式，通过判断解释变量是否与一类任务正相关，而与另一类无关或负相关，来识别政府任务间权衡。但在“ROCOA”模式下，变量之间的负相关可能源自方程系统内含的结构性关系而非权衡（Berry，1986），且外生变量仅是对权衡的识别或对某类支出多寡的解释，而非对权衡的解释（Berry & David Lowery，1990）。

赖诗攀（2020）基于 Berry & Lowery（1990）的方法，在对权衡进行科学测量和识别的基础上，对城市财政支出的权衡进行解释。然而，该研究仅限于路桥与排水两类事项。假定其他事项都外生于这两项支出，不参与权衡，但在资源有限的情况下，任务间的权衡往往牵一发而动全身，一个任务资源投入的增加（减少），必然导致其他任务资源投入的减少（增加）。例如，环境治理支出的增加，不仅可能导致经济建设支出的降低，还可能使得社会保障支出的降低。而经济建设与社会保障支出水平降低的程度，又取决于经济建设、社会保障的重要性排序。若在分析中假定社会保障完全独立于环境治理与经济建设，不仅不符合政府决策现实，也可能使得计量模型的估计出现偏差。（Adolph et al.，2020）因此，需要从系统的视角来看待政府任务间的权衡（Jones & Baumgartner，2005a），从整个政策议程空间角度分析政府在各种任务之间是如何权衡取舍的，这样才能使分析具有政治和统计意义（Adolph et al.，2020）。

四、既有研究的评述

（一）对现有研究的评述

通过对地方政府环境治理、政府注意力影响因素、政府任务间权衡行为等研究的梳理，可以发现既有研究在如下三个方面还存在继续拓展的空间：

首先，尽管地方政府环境治理研究大都认为注意力分配是提升环境治理的关键要素，但少有学者探究城市政府如何配置环境治理注意力。

在地方政府对环境治理议题的关注、解释、行动的环境治理政策执行过程中（张坤鑫，2021），稳定的地方注意力投入是环境治理的必要条件（秦浩，2020）。现有研究也大都将地方政府环境治理注意力的不合理分配视为环境治理困境产生的主要原因（冉冉，2013；Ran，2013；Lieberthal，1997），并认为是开展运动式治理（Van Rooij，2006；荀丽丽和包智明，2007）、干部绩效考核制度和监督体系改革（Golding，2011；冉冉，2013）等环境治理措施纠偏的主要对象。该类研究更多是将政府环境治理注意力分配作为一种话语方式，强调政府环境治理注意力在政策制定和执行中的重要作用，并不以政府环境治理注意力为中心，对政府环境治理分配机制进行解释。（陶鹏和初春，2022）

鉴于政府环境治理注意力分配在环境治理政策执行中的重要地位，学者开始以政府环境治理注意力分配为研究中心，试图利用政府工作报告、政策文本和机关报环境报道数量等数据来分析政府环境治理注意力分配水平和历时变化情况。但既有研究大多采用描述性分析方法，着眼于描述国务院、省级政府等在环境治理议题上的分配水平及其历史变化情况，极少的解释性实证研究也主要关注省级政府环境治理注意力分配机制。（曾润喜和朱利平，2021）利用大样本识别城市政府环境治理注意力分配影响因素，探究城市政府注意力分配机制的实证研究还比较缺乏，致使我们还缺乏直接实证来帮助理解如下问题：为什么有的城市政府（不）重视环境治理；城市政府在选择增加环境治理注意力时，又降低了对哪些议题的关注度。

城市是环境影响的主角（郑思齐等，2013），也是环境治理考核（马亮，2016）和约谈问责（吴建南等，2018；吴建祖和王蓉娟，2019；石庆玲等，2017；王惠娜，2019）的关键主体。城市政府在环境治理中的注意力投入程度对环境治理改善起着决定性作用。（王宝顺和刘京焕，2011）因此，对城市政府环境治理注意力分配机制的解释，不仅有助于帮助理解城市政府关注、解释、行动的环境政策制定与执行过程，也有助于引导城市政府合理配置环境治理注意力，推进环境治理绩效的提高。

其次，既有研究大都基于多元主义和高阶梯队理论视角，从科层组织外部分析国家层面的领导或机构注意力分配方面的作用，而较少从科层组织内探究城市地方政府的注意力分配机制。

鉴于政府注意力分配在政策制定和执行中的重要地位，越来越多的学者试图解释政府注意力的分配机制。然而，既有研究往往将国家层面的政治领导或机构作为注意力分配的主体（庞明礼，2019；陶鹏和初春，2020）。这些领导和机构通常具有较强的议程掌控权和较大的注意力分配自由裁量权，同时处于政治系统内外沟通的关键节点。因此，既有研究一方面从高阶梯队理论出发，重视分析领导者个人特征和偏好对政府注意力分配的影响（陈思丞和孟庆国，2016；唐啸等，2017），另一方面，基于多元主义视角，探讨政治分权与政党制度等宏观政治制度、公众意见、新闻媒介等与政府注意力变化之间的关系。然而，这些研究大多将研究视角置于科层组织外部，基于 Ocasio 所聚焦的注意力研究传统，对政府科层组织内部因素构建的组织情境如何塑造政府注意力的研究仍然不够充分（Bark & Bell，2019；Breeman et al.，2015；陶鹏，2019）。

根据组织注意力分配基础理论，组织规则、资源和内部关系设定了决策者决策的组织情境及其对情境的具体解读，而组织情境和对情境的解读决定了议题和答案的显著性，进而塑造了决策者在不同议题和答案上的注意力分配。（Ocasio，1997，2011）因此，组织注意力分配并非简单的技术问题，而是组织制度环境的产物（练宏，2015），并受到组织规章制度的重要影响（周雪光，2003）。

而基于中国制度场景的研究也一再强调对政府行为逻辑的反思，科层组织规则应该是理解城市政府行为的关键因素。在中国制度场景中，城市政府绝非只是作为地方的城市政府，而是一个复合的政府体系。（何艳玲等，2014）一方面，在中央集中制度的安排下，城市政府是中央—地方垂直关系下的地方政府。上级政府借助严密有序的科层组织，将自身的政策意图绵延不绝地传达到地方各级政府（周雪光，2011），并通过目标管理责任制、横向竞争性晋升制等科层组织规则，控制和激励着地方政府行为。这使得地方政府必须根据科层组织规则所要求的绩效内涵，并按照规则所规定的游戏规则与其他地方政府展开竞争。另一方面，城市政府作为一级政府机构，是由决策者及其成员组成的典型的科层组织（何艳玲等，2014），其运作与决策明显地受到科层组织不同规则的约束和影响。因此，科层组织规则不仅为城市政府的一系列管理活动指明了行动方向，而且在很大程度上规定了政府组织及其成员的行为要求，是引导政府注意力分配的初始条件，也是影响政府注意力分配及其行为选择的第一步（代凯，2017）。

注意力分配受多种因素影响，包括特殊突发事件、公众舆论以及决策者自身的政策偏好，这些因素可能导致政府注意力的分配和转移，使注意力分配呈现出较大的易变性。（王琪和田莹莹，2021）在关注、解释到行动的环境政策执行过程中，稳定的注意力投入是环境治理的必要条件。（秦浩，2020）通过重回 Ocasio 所聚焦的注意力研究传统，从城市政府嵌入的科层组织规则角度出发，分析其构建的组织情境如何形塑城市政府环境治理注意力的分配，有助于理解城市政府环境治理注意力稳定分配的体制因素，也为推动改革、改善城市政府环境治理注意力分配、提高环境治理绩效提供指导。

第三，既有研究都认识到了注意力空间内各政策议题间的相互依赖性，但少有研究基于整个注意力空间对政府注意力权衡机制进行分析。

既有研究都意识到政府注意力资源是有限的（Simon，1947；张海柱，2015），各政策议题间的注意力分配呈现零和博弈（Zhu，1992），增加对一类议题的关注度意味着必须降低对另一类议题的注意力水平（Alexandrova et al.，2012；Jennings，Bevan，Timmermans，et al.，2011）。然而，现有对政府注意力分配的研究主要集中于探讨政府在公共服务、环境保护等某一方面的注意力分配机制（曾润喜和朱利平，2021；文宏，2014；文宏和杜菲菲，2018；Jiang et al.，2019），而忽视了地方政府在分配各政策议题注意力时的权衡问题。

针对地方政府行为的研究发现了大量的权衡行为，并试图从晋升激励、政府间关系等角度对权衡机制进行解释。（O'Brien & Li，2017；杨爱平和余雁鸿，2012；吴敏和周黎安，2018；赖诗攀，2015）然而，这些研究要么采用案例分析法和描述法，描述地方政府在政策制定和执行过程中的权衡情况，缺乏对政府任务间权衡进行科学的识别和测量（赖诗攀，2020）；要么基于“ROCOA”模式，通过判断一类任务是否与另一类任务呈负相关，来识别和解释政府的权衡行为。然而在“ROCOA”模式下，变量之间的负相关可能源自方程系统内含的结构性关系而非权衡（Berry，1986），且外生变量仅是对权衡的识别或对某类支出多寡的解释，而非对权衡本身的解释（Berry & David Lowery，1990）。尽管赖诗攀（2020）基于 Berry & Lowery（1990）的方法，在对权衡进行科学测量和识别的基础上，对城市路桥和排水两项财政支出的权衡进行了解释，但该研究假定仅路桥和排水两项财政支出存在权衡，其他事项完全外生于这两项支出，不参与和影响路桥和排水两项支出之间的权衡。然而，其他事项完全独立的强假设不仅不符合政府决策的实际情况，还可能导致计量模型估计的低效率（Adolph et al.，2020）。因此，需要从系统的视角来看待政府的注意力分配（Jones & Baumgartner，2005a），从整个注意力分配空间角度分析政府注意力在各种政策议题之间如何权衡取舍，这样才能使分析具有政治和统计意义（Adolph et al.，2020）。

在政府注意力资源有限的约束条件下，政府决策者对环境治理注意力的增加，就意味着对其他公共事务注意力的下降，因此环境治理有相对机会成本。（王印红和李萌竹，2017）党的十八大报告也明确指出，经济建设、政治建设、文化建设、社会建设、生态文明建设是"五位一体"的有机整体，需要统筹推进。对环境治理的社会福利分析也表明，社会福利与环保力度呈"倒 U 型"关系，需要找到最优的环保力度。（张军，樊海潮，许志伟和周龙飞，2020）然而，如果没有基于政府整体议程对环境治理与其他政策议题的权衡进行分析，理解环境治理与其他政策议题注意力权衡的影响因素，明确环境治理注意力增加给其他政策议题带来的机会成本，就难以准确评估环境治理所带来的社会福利变化，也难以科学合理地引导城市政府进行注意力分配，统筹推进经济建设、政治建设、文化建设、社会建设和生态文明建设的"五位一体"总体布局。

（二）本研究的定位及试图填补的缺口

立足城市政府，基于组织注意力分配理论，从城市政府所嵌入的科层组织规则出发，分析其构建的组织情境如何影响城市政府在环境治理方面的注意力聚焦。政府机构作为典型的科层组织，其运作与决策明显受到不同科层组织规则的引导和约束。然而，现有研究多将国家层面的机构和领导视为注意力分配的主体，主要从宏观政治制度、舆论媒介、领导个人特征等分析注意力聚焦的影响因素。较少将深嵌多层科层组织体系、受到科层组织规则约束的城市政府作为注意力分配主体，分析科层组织规则构建的组织情境如何塑造其注意力分配。因此，本研究尝试填补这一缺口，将城市政府作为注意力分配的主体，基于 Ocasio 的组织注意力分配基础理论，从城市政府所嵌入的科层组织规则出发，分析其构建的组织情境对城市政府环境治理注意力聚焦的影响。通过这一研究，有助于从科层组织规则的角度理解城市政府注意力聚焦，进一步了解政府科层规则在塑造地方政府行为选择方面的作用。

基于整个注意力分配空间，分析科层组织规则对城市政府注意力权衡的影响。注意力分配是决策者选择性关注某些政策议题而忽视其他议题的过程。然而，现有研究更多关注这一选择的结果，即注意力聚焦，而忽视了选择这一过程。这种选择性聚焦某一政策议题而忽视其他议题的过程，即为注意力权衡过程，这一权衡过程是决策的本质。现有研究早就注意到了注意力权衡现象，但现有研究要么采用描述性的方法描述各政策议题间此消彼长的关系，缺乏对注意力权衡的科学界定和识别；要么采用“ROCOA”这种可能存在误导且难以建立权衡理论解释的模式探究议题间的权衡。近年来，虽然一些学者在对权衡进行科学测量的情况下分析了权衡的影响机制，但需要加入其他议题完全独立这样可能不符合政府决策现实的强假设。因此，本研究在借鉴财政支出权衡方法的基础上，基于整个注意力分配空间，在充分考量各政策议题间高度相互依赖性的基础上，分析科层组织建构的组织情境如何塑造城市政府在环境治理与其他议题间的注意力权衡。这将使我们更加全面地理解地方政府在科层制度规则下如何在各种议题间进行权衡取舍，更生动地了解城市政府的决策过程。

第五节　理论框架与研究设计

本节首先对政府注意力分配过程进行了梳理，明确了其中包含的注意力聚焦和注意力权衡两个关键过程。其次，从组织注意力基础观出发，在城市政府所处的科层组织下，基于目标管理责任制和横向竞争为核心的晋升考核制、下管一级的干部人事制度等具体的科层组织规则，从对城市主政官员职位晋升有重要影响的角度出发，提炼出相对绩效和向上嵌入两个核心解释变量，建构起本研究的理论分析框架。最后，对本研究分析单位、样本选择以及研究方法进行了介绍。

一、科层组织规则、注意力情境与注意力分配

（一）理解政府注意力分配过程：注意力聚焦与注意力权衡

心理学中将注意力定义为选择性地关注主观或客观信息的一个特定方面，同时忽视其他感知信息的行为和认知的过程。（陈思丞，2021）西蒙也认为，注意力是决策者选择性关注某些政策议题而忽视其他政策议题的过程。（Simon，1976）因此，注意力分配过程具体又可分为两个过程：一是集中关注某一议题的注意力聚焦过程，即“择”的过程；二是在多个议题间进行选择权衡的注意力权衡过程，即“选”的过程。（吴彦文等，2014）

注意力聚焦过程是决策者搜寻、解释和聚焦某一具体政策议题的过程，是自动或有意注意所呈现的结果（Ocasio，2011），最终反映为注意力在某具体政策议题上的分配水平。通过注意力聚焦，组织在既定的时间和资源预算约束下，将有限的时间、资源、努力有限分配到组织关心的部分具体事务上。（Ocasio，1997）

注意力权衡过程是在面临两个及两个以上政策议题时，由于注意力空间的有限性，决策主体分配注意力资源时在政策议题间进行权衡取舍的过程，具体表现为政策议题间注意力的此消彼长，一个政策议题注意力资源占有的增加是以其他政策议题注意力资源占有减少为代价的。

既有研究对于政府注意力分配的探讨通常将焦点放在注意力聚焦过程。根据组织注意力基础观中的注意力聚焦原则，政府决策者注意力在哪项政策议题和解决方案上的聚焦及其聚焦水平决定着政府的政策制定和执行。（Ocasio，1997）基于此，现有研究主要着眼于分析政府注意力在环境治理（王琪和田莹莹，2021；曾润喜和朱利平，2021；秦浩，2020；张海柱，2015；王刚和毛杨，2019；王印红和李萌竹，2017；李宇环，2016）、公共服务（文宏和赵晓伟，2015；吴宾和唐薇，2019；文宏和杜菲菲，2018）、城市基层治理改革（李娉和杨宏山，2020）、企业社会责任治理（肖红军等，2021）等议题上的聚焦水平，以及验证政府注意力在某政策议题上的聚焦将会如何影响政府政策制定和执行（赵建国和王瑞娟，2020；陶鹏和初春，2022；易兰丽和范梓腾，2022；章文光和刘志鹏，2020；谭海波，2019；申伟宁等，2020；文宏和赵晓伟，2015；何兰萍和曹婧怡，2021；文宏和杜菲菲，2018；杨宏山和李沁，2021；李宇环，2016；庞明礼，2019）。

然而，政府常常处于多任务环境中，需要同时在多个维度进行投入（练宏，2016a）。在这种同时决策的情境下，政府的注意力资源是固定的（张敖春，2017），政策议题间的注意力资源配置呈现零和博弈（Zhu，1992）：在同一个给定的时间段内，政府决策者在增加对某一政策议题的注意力资源分配时，就必须减少对其他政策议题的注意力资源分配。政府决策者在关注一个问题和答案时就必须做出选择，需要在哪些政策议题上分别降低多少注意力聚焦水平。（Ocasio，1997）例如，陈思丞、孟庆国（2016）针对领导人注意力分配的研究发现，由于注意力瓶颈的存在，领导人会对不同机制产生的政策议题进行相互权衡。因此，不同政策议题之间的注意力权衡过程是注意力分配的重要过程。仅关注政府注意力在某一政策议题上的聚焦水平，虽然可以在较长时间段内反映出政府对该政策议题的关注，并能够验证这种关注所带来的政策后果，但忽视了政府进行权衡取舍的复杂过程。这种对注意力权衡过程的忽视，一方面将政府注意力分配过程过于简化，将政府在议题间权衡取舍过程视为“黑箱”，直接将注意力分配过程简单地等同于注意力在某政策议题上的聚焦结果；另一方面则完全忽视了注意力聚焦的另一面，即被忽视的政策议题，它是注意力聚焦的机会成本。（王印红和李萌竹，2017）

首先，权衡是政府决策的普遍特征（Tetlock，1999）。在公共政策制定过程中，对政策议题进行权衡一直是公共政策和公共管理的核心。（Nilsson & Weitz，2019）对于承担经济建设、政治建设、文化建设、社会建设和生态文明建设等多重任务，且被要求保障“五位一体”统筹发展的政府来说，各政策议题间注意力分配要求政府必须在政治、经济、社会、文化、环境之间复杂的相互依赖关系中进行艰难的权衡取舍。这意味着政府需比较各政策议题的特性，以决定哪个更为重要，并将不同特性的值相互转化（李晓明和傅小兰，2004），最终决定应该关注何事、忽视何事。通过分析政府在各政策议题之间的权衡取舍，有助于打开政府注意力分配中选择权衡决策过程的“黑箱”，更加生动地理解政府注意力分配的过程，回答为何政府在关注某一议题时会忽视另一议题,但不忽视其他议题的问题。

其次，政府注意力聚焦是有代价的。在治理过程中，通常不可能实现所有有益的政策目标，权衡是不可避免的：实现一个政策目标往往必须以另一个政策目标为代价（Landman & Lauth，2019）。同样，由于政府注意力资源是固定的，政府决策者对某一政策议题注意力聚焦强度的增加，意味着对其他政策议题注意力聚焦强度的下降,会带来不可避免的机会成本。（王印红和李萌竹，2017）这就要求我们不应该仅仅关注聚焦某一政策议题所带来的政策后果，还应该将其与其机会成本进行比较，以更准确地评估注意力聚焦的影响。例如，通过假设分析发现，政府环境治理聚焦水平的提高可以有效提高环境质量。但这种环境治理聚焦水平的提高一定是以其他政策议题聚焦水平降低为代价的，那么哪些政策议题成为代价？在分析政府注意力在环境治理上聚焦的社会福利效应时,需要同时考虑两者,找到最优环保力度（张军等，2020），以实现社会福利的最大化。而这是仅仅关注环境治理聚焦水平的研究所难以回答的。

基于以上分析，就本研究所关注的城市政府环境治理注意力分配来说，我们不仅应该关注政府注意力在环境治理上的聚焦水平，还应该关注城市政府注意力在环境治理与其他政策议题间如何权衡取舍（具体见图 1.3）。

图 1.3 理解政府注意力分配过程

（二）组织注意力基础观下的注意力分配：科层组织规则、注意力情境与政府注意力分配

在西蒙（1947）、马奇和奥尔森（1979）的启发下，威廉·奥卡西奥提出了组织注意力基础理论（The Attention Based View of the Firm）（Ocasio，1997）。该理论认为，组织是一个注意力配置系统，组织行动是将决策环境中的输入通过注意力加工成一系列输出的结果，是嵌入更广泛组织结构中的管理者注意力分配的结果。因此，根据组织注意力基础理论，组织结构通过分配组织决策者注意力来影响组织行为。（Cyert & March，1963；March & Simon，1958；Simon，1957）

该理论提出三个相互关联的原则：

一是基于个人认知层面的注意力聚焦原则（Focus of Attention），决策者做出什么决定取决于他们将注意力聚焦在哪些议题和答案上。换句话说，决策者的行为取决于他们有限的注意力聚焦（Cyert & March，1963；Simon，1947；Simon，1957）。因此，作为个人行为聚合的组织行为可被视为注意力聚焦的结果。

二是基于社会认知层面的注意力情境原则（Situated Attention）。注意力情境原则认为，注意力聚焦并不纯粹由决策者个人特质所决定，而是决策者所处特定情境的产物。也就是说，由组织和外部环境所塑造的组织情境特点决定了决策者的注意力聚焦。Ocasio（1997）认为，组织规则、时空、程序维度等

组织情境，影响了议题的显著性和解决方案的可得性，也塑造了决策者对自身利益的理解。因此，注意力情境将其他两个原则连接起来，注意力聚焦取决于注意力所在的组织情境，而组织情境又受到组织结构的影响。（Brielmaier & Friesl，2022）

三是基于组织层面的注意力结构化分布原则（Structural Distribution of Attention）。该原则表明，决策者注意力聚焦的具体情境是由社会、经济和文化创造和规制的。（March et al.，1979）更具体地说，四个方面的因素形塑了决策者所处的组织情境和其对情境的解释：结构位置（决策者在组织中的角色和社会身份，与其他职位之间的关系）、组织规则（指引和约束决策者完成组织主要目标，获取社会地位、荣誉、奖励的正式与非正式规则）、资源（保障组织行动的可见和不可见资源）、行动者（组织关键行动者）。（Ocasio，1997）

以这些相互关联的原则为前提，注意力基础观为组织注意力分配提供了一个高度全面的理论框架，使学者可以在不同本体论和组织层面分析组织注意力分配，从而进一步解释组织行为。（Brielmaier & Friesl，2022）而组织规则无疑是形塑组织注意力分配的关键因素。（Ren & Guo，2011；Stevens et al.，2015；Brielmaier & Friesl，2021）

组织规则是关于组织行为的动态规定。组织决策者的行为受到组织规则的约束和引导，并通过规则遵循行为完成组织指派的目标与任务。Ocasio（1995）认为，组织规则通过影响决策者对组织情境的感知、解释、评估和应对方式来影响注意力分配。在注意力基础观看来，组织规则提供了一套规则、程序和惯例，决定了个人和组织应该关注哪些问题，考虑何种方案，以及哪些解决方案与哪些情境相关。（March et al.，1979）具

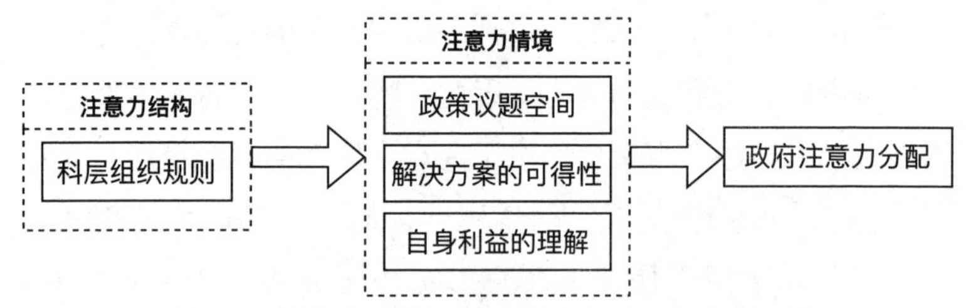

图 1.4 科层组织规则对政府注意力分配的影响机制

体来说，组织规则可以通过确定议题的合理性和合法性、奖励组织中某些行为、提高替代方案的可得性，以及有选择性地关注环境和组织变革的决定因素等方式，将组织注意力集中在与主流逻辑相一致的议题和解决方案上。（Thornton & Ocasio，1999；Thornton，2001，2002）

政府机构作为典型的科层组织，其运作与决策明显受到科层组织不同规则的约束和影响。这些组织规则不仅指导政府机构的管理活动，还在很大程度上规范了政府组织及其成员的行为要求，塑造了官员追求政绩的动机，从而对政府注意力分配产生重要影响。（周雪光，2003）实际上，这些规则不仅是政府注意力分配的初始条件，也是解释政府注意力分配的第一阶条件。（代凯，2017）因此，从科层组织规则出发，分析其所构建的组织情境如何影响政府注意力分配，是理解注意力分配的重要视角。

（三）科层组织规则与城市政府注意力分配

在中国这样的转型国家，关键职位的官员通常扮演着组织程序和沟通渠道中的关键角色，能够在很大程度上塑造整个政府科层组织的注意力分配。（Ocasio，1997；庞明礼，2019）由于官员的工资、地位、成就感和其他利益都与职位挂钩，政府官员主要关心的是其职业生涯的晋升或者避免被淘汰出局的问题。（周雪光，2008）在晋升职位十分稀缺的情况下，主政官员的晋升机会被视为最有效的激励措施（Tang et al., 2022），也是理解地方政府注意力分配的重要切入点（于文超等，2015）。

相比于拥有更多议程决定权的国家层面的领导和机构，城市政府更深入地嵌入在中央—省—市—县—乡多级政府构成的多层级科层组织体系中。中央和省级等上级政府通过严密有序的科层组织将自身的政策意图绵延不绝地传达到城市政府（周雪光，2011），规定了城市政府的主要任务职责，决定了城市政府注意力分配的主要内容。与此同时，上级政府还通过目标管理责任制和横向竞争性晋升制度，规定了城市政府主政官员晋升标准和与其他城市政府竞争晋升的规则。在这些科层规则下，城市政府根据晋升标准确定业绩内涵，并与其他城市政府展开竞争，追求着"晋升业绩最大化"。（何艳玲等，2014）这些科层规则设定了城市主政官员行动过程中的重要注意力情境，决定了他们注意力分配的议题和答案，以及他们对注意力分配的理解，对他们的注意力分配产生着主动且重要的影响。因此，本研究从科层组织规则构建的任务职责和职位晋升情境出发，分析城市政府在层级行政发包制构建的多任务情境下如何进行环境治理的注意力分配。

1. 层级行政发包制下的多重委托、多任务情境

周黎安使用行政发包制来描述常规状态下不同政府层级间的治理模式，认为其既不同于韦伯的官僚制，也与纯粹的外包制有所不同，属于一种混合的中间形态，即行政组织边界之内的"内部发包制"：在一个统一的权威下，在上级与下级之间嵌入了发包关系。（周黎安，2008）周黎安（2014）认为，行

政发包制在内部控制、行政权分配和经济激励三个方面与韦伯的官僚制、纯粹外包制存在系统性差异：一是在经济激励方面，行政发包下级（承包人）面临强激励，即行政层级所能控制的财政预算和人员的薪酬福利均与行政服务和人员的努力有关；二是在行政权分配上，发包方拥有正式权威（如人事控制权、监察权、指导权和审批权）和剩余控制权（如不受约束的否决权和干预权），具体的执行权和决策权交给了承包方，而且承包方还以自由裁量权的方式享有许多实际控制权；三是内部控制上，与强调程序和规则的科层制相比，行政发包制是一种结果导向的、人格化的问责制度，即辖区内发生的所有事情，不管是否与辖区内部管理有关，都属于辖区行政首脑的责任。在这种行政发包制下，中央把经济管理、社会治理、环境保护等事务全部发包给省一级政府，然后省政府再往下逐级发包。发包方把任务给省一级政府，承包方按规定的要求交货，发包方不具体干预生产过程，但发包方有权监督所有承包方履行职责。

在运作过程中，行政发包制具体表现为层层发包，其特征是任务下达和指标分解。中央提出重大经济、社会发展以及环境治理等目标和战略后，地方政府逐级传达和部署，战略目标在各级政府之间不断被分解下达。在这个过程中，虽然发包人仍然占有绝对的权威和剩余价值控制权（即相机干预权和否决权），但承包人（各级地方政府）也被赋予相当大的自主性去实施上级政府分配和制定的任务、目标，享有充分的执行权和自由裁量权。（周黎安，2014）

周雪光和练宏（2012）进一步分析认为，在行政发包这一常态治理模式中，各层级政府并非简单的发包与承包关系，而是呈现出“委托—管理—代理”的多重委托代理关系，目标设定权、检查验收权和激励分配权等不同维度的控制权在委托方、管理者和代理方三者之间有着不同的分配。具体而言，委托方（发包方）保留检查验收、评估执行结果的控制权，而政策执行和激励分配等剩余控制权都赋予管理方，管理方扮演一个承包商的角色，在其管辖范围内行使自己的剩余控制权来安排落实政策执行活动，而代理方则负责政策的具体执行。在这种模式下，管理方可能表现出“层层加码”和“共谋行为”这两种表面上相互矛盾但实受同一行为逻辑驱使的行为：在“发包契约”的执行过程中，管理方会通过层层加码的方式来确保上级发包的政策目标能够实现；但在检查验收过程中，管理方倾向于与代理方进行共谋以掩盖政策执行过程中出现的问题。（周雪光和练宏，2012）

行政发包制在实际运作中，还表现为多委托人、多任务代理问题。（周黎安，2014）政府本身具有多任务性（multitasking），需要同时服务于多重任务和职能。十八大报告明确提出，“建设中国特色社会主义……总布局是五位一体”，要“全面落实经济建设、政治建设、文化建设、生态文明建设’五位一体’总体布局……不断开拓生产发展、生活富裕、生态良好的文明发展道路”。（新华网，2012）这决定了各级政府具有“经济建设、政治建设、文化建设、社会建设、生态文明建设”五项基本职能。（邓雪琳，2015）在多项任务职责情境下，地方政府既被要求提供各式各样的公共服务（如基础设施、教育、环境、卫生、司法），又要负责征税、发展经济（如扶贫、创造就业）、维持社会稳定等。在财力和人力有限的约束条件下，面临多项任务职责要求，而且这些任务之间还可能相互冲突（如发展经济与民生保障），政府必须对不同目标进行权衡与取舍。（周黎安，2016）然而，在多层级行政发包制下，上级往往仅指定任务目标，负责“请客”或者“点菜”，提供宏观层次的政治话语、价值、理念、法律法规和政策工具（冉冉，2019），而将这些政治话语、法律和政策转化为具体治理绩效的代理方往往需要调动自身的财政和其他资源来实际“买单”，面临着更加直接的注意力、人力和财力等资源的有限性约束，因此不得不基于自由裁量权对上级政府发包的不同目标进行权衡与取舍（周黎安，2016），从而产生“选择性执行”和“选择性应付”等策略行为（O'Brien & Li，2017；杨爱平和余雁鸿，2012）。

因此，在层级行政发包制下，作为代理方的城市政府直接面临着如下注意力情境：一是多重委托情境。在层级行政发包之下，作为中央政府的委托方拥有目标设定权，也保留着检查验收、评估执行结果的控制权，代理方则具体负责政策执行，但具体的激励分配权往往赋予了管理方。在这种情境下，能否与管理方实现共谋，对代理方政策执行评估验收结果和职位晋升有着重要影响。二是多任务情境。在注意力空间有限的具体约束下，面临上级层层发包下来的政治、经济、社会、文化、环境治理等多项任务，城市政府需要具体决定在各项任务上的注意力聚焦水平，并在各项任务之间进行权衡取舍。

2. 相对绩效与城市政府注意力分配

（1）以目标管理责任制和横向竞争性晋升为核心的考核晋升制与晋升锦标赛

中国行政体制是层层“纵向发包”和“横向竞争”的有机结合体。（周黎安，2008）在行政发包制的基本框架下，内含任务的发包和承包方激励两个问题。首先，管理方在接收到发包方发包的任务后，需要根据发包方的要求和本地发展的需要，将政治、经济、社会、文化、生态和党的建设等各方面的行政管理任务分解为多项指标，转包给下级政府；其次，发包方和管理方都需要根据任务完成情况对承包方予以奖励和处罚，从而保证任务的完成。（朱汉清，2012）为此，中国建立了以目标管理责任制和横向竞争性晋升为核心的考核晋升制，以确保中央政府目标的完成。

首先，利用目标管理责任制完成任务的发包和验收。目标管理责任制本质上是一种组织人事管理手段，将政府责任、官员责任和政府治理的目标有机结合起来，成为目标激励的一种重要形式。自 20 世纪 90 年代以来，目标管理责任制就开始被广泛地运用到各个层级的政府治理中。具体而言，中央政府设定目标完成指标并将其分配给省政府，省政府再结合自身实际情况将该套指标细化。（Bouckaert & Halligan，2007；Gao，2009）通过目标管理责任制，可以将下级政府目标责任完全制度化，并增强对重点、难点目标的激励。各级政府在一些日常工作或重点工作中，都用签订目标责任书的方式落实责任，进行监督。例如计划生育、经济增长、社会稳定、信访、财政税收、生产安全、节能减排等重点、难点工作都采用了责任制的形式，上级政府都与下级政府签订了责任书。

其次，利用横向竞争性干部任用制度激励下级政府完成任务。自 1978 年开始，中央政府从显性和隐性两个方面对地方官员进行治理。其中，显性治理一般利用可测量的经济增长指标体系来实现，在制度上主要表现为相对绩效考核（Huang，2002）。为了促使下级政府完成预定目标，上级政府根据目标制定干部指标考核体系，定期对各级党政官员进行绩效考核。由上级党委依据相对绩效竞争性考核结果进行选拔和任命是产生地方官员的主要方式。（冉冉，2013）由于层级分流的官员空间流动模式，官员的流动空间大多局限于上一层次的行政区域，即市级主要负责人在本省内各机构流动，极少有跨越行政界别的空间流动。（周雪光，2016）这使得官员之间呈现明显的区域内横向竞争性晋升特点，那些能够在辖区内绩效考核评比中获得较高等级的官员比竞争对手有更高的晋升概率。

这种以目标管理责任制和横向竞争性晋升为核心的考核晋升制度，为负责政策执行的城市政府实现上级政府目标提供了强大的锦标赛激励。（周黎安，2014）一方面，上级政府通过下达体现其行政意图的各种指标任务，给下级政府设立自己的行政目标预设了一个基本框架，通过目标考核指标化并将指标任务完成与政治晋升挂钩，激励下级政府把优先满足上级政府的行政偏好作为确立行政目标的基本准则。（朱汉清，2012）另一方面，在多个承包人面对一个共同发包人（上级政府）的情形下，横向竞争性晋升制度通过奖惩规则和相对绩效评估为承包人提供了强大的晋升激励。这种目标责任管理制和横向竞争性晋升制相结合的考核晋升制，使同一行政级别属地的主要官员之间围绕着客观治理相对绩效展开着晋升竞争，即“锦标赛体制”。（周飞舟，2009）

在十一届三中全会后的一段时期内，上级政府对下级政府的考核主要依据经济发展绩效，特别是 GDP 增速成为关键的考核指标。这种横向竞争性晋升就演变为以地方政府的经济增长相对绩效为竞争核心的“晋升锦标赛”。（周黎安，2007；Li & Zhou，2005）虽然对于政府组织内是否存在这种以经济增长为核心的“晋升锦标赛”，有学者提出了证伪证据（陶然，苏福兵，陆曦和朱昱铭，2010；姚洋和张牧扬，2013），但也有很多学者提供了支持性证据（Maskin，Qian，& Xu，2000；

Chen et al.，2005；徐现祥和王贤彬，2010；王贤彬，张莉和徐现祥，2011；杜兴强，曾泉和吴洁雯，2012；Choi，2012；冯芸和吴冲锋，2013；乔坤元，2013b，2013a；杨其静和郑楠，2013；Wu et al.，2013；Yu et al.，2016），认为通过将经济绩效与晋升相关联建立起了一种重要的选拔机制和信号显示机制，上级政府将经济绩效作为政治精英的“标签”，能够减少官员提拔过程中的上级、被提拔官员与公众、官僚系统中其他官员之间的信息不对称问题，是一种可行性高、实施成本低的政权合法性维持途径（罗党论等，2015）。而当地方干部任用偏离这种机制损害到政权合法性时，就会受到反腐处分，以纠正当地的党风政风。（Lu & Lorentzen，2018）

在实践层面，中共中央也一再要求各级地方政府考核党政领导干部时不再以 GDP 为主要指标。例如，习近平总书记曾多次强调：“我们不再简单以国内生产总值增长率论英雄”，“更不要为生产总值增长率、全国排位等纠结”。2013 年 12 月，经中共中央批准、中央组织部印发的《关于改进地方党政领导班子和领导干部政绩考核工作的通知》也明确规定不能简单地把经济总量和增长速度作为干部提拔任用的依据。这些领导人的讲话、官方文件都说明，地方官员间围绕 GDP 增长的“晋升锦标赛”体制可能并不仅仅是一种理论上的推测，而是操作层面的具体规则。（乔坤元等，2014）

（2）晋升锦标赛下相对绩效与城市政府注意力分配

“晋升锦标赛”模式的核心命题是地方主政官员之间的相对经济绩效排名是影响其晋升概率的关键因素。（周黎安，2004，2007，2008；Xu，2011）在这种晋升制度逻辑下，那些相对绩效排名靠前的地方主政官员，就会合理预期自己应该在这场锦标赛中占据了更优排位，与其他竞争对手相比拥有了更高晋升概率。根据美国心理学家弗鲁姆于1964年提出的“期望理论”，当人们认为实现预期目标的可能性越大，他们的激励程度或动机水平就越大。（Vroom，1964）基于情境实验的研究也发现，绩效排名本身就具有激励效应，而且排名的强度对于激励水平有显著影响。（王焱，2020）

关于地方行为的实证研究也发现，相对绩效对地方主政官员能够产生较强的激励作用。例如，乔坤元、周黎安和刘冲（2014）研究发现，省内地市GDP增长率的中期排名对地级市当期GDP增长率有显著的正向影响。那些中期排名靠前城市的主政官员会更加努力，吸引更多新企业进入，以确保更好的晋升前景。刘焕、吴建南和孟凡蓉（2016）也发现，省级GDP增长率对政府绩效目标偏差有显著正向影响，即省级GDP增长率排名靠后，会给地方官员带来很大的压力，使他们在政府工作报告中模糊性汇报、不报告未完成的绩效目标或是主动退出竞赛，导致目标偏差的提高。赖诗攀（2020）针对相对绩效对组织任务间竞争的研究也发现，那些相对绩效占优的地方官员，会将更多的资源投入在能够带来更高经济绩效的路桥支出上，以进一步促进经济增长维持自身业绩优势。因此，比同级别竞争对手更好的相对绩效，使官员拥有了更好的潜在竞争优势（叶贵仁，2010），对官员行为产生了重要激励作用，促使他们进一步发展经济维持自身竞争优势。

当然，这场晋升锦标赛还是一场有着约束性考核指标的资格赛。为了更明确地传递上级政府的偏好和优先性排序，政府绩效考核制度还设置了“一票否决”这种约束性考核指标。通过提高考核体系中个别指标的权重，使之在考评过程中具有决定性作用，并通过其导向功能保证相关工作得以实施。与此同时，它也是一种刚性措施，其核心是通过设置“硬杠杠”（一票否决指标），建立一套责任追究机制，督促各级政府及其领导干部提高执行力，推动相关重要工作的实施。（战旭英，2017）目前，正式纳入一票否决的事项主要包括社会稳定、安全生产、计划生育、环境保护等（郁建兴，蔡尔津和高翔，2016）。若地方官员无法通过这种“一票否决”事项考核，其全部工作就会被否决，无论其他工作业绩如何。（战旭英，2017；左才，2017）这意味着，地方官员只有在通过“一票否决”考核后，才能获得晋升的入围赛资格，有望在后续的晋升锦标赛中站稳脚跟。（周黎安，2007）

因此，在这种以经济发展为主的晋升锦标赛的模式下（Li & Zhou，2005；周黎安，2007；罗党论等，2015），城市在经济增长相对绩效考核中取得的较高名次就为主政官员塑造了这样一个情境：相对于同级别地方主政官员，他们可能拥有更高的晋升概率。在这种情境下，城市官员有两种基本的行为选择逻辑：“做对事情”和“别出事情”（何艳玲等，2014）。具体而言，“做对事情”就是要在目标管理责任制和横向竞争性晋升制下，做提升晋升业绩的事情，进一步促进经济发展以巩固自己的竞争优势（周雪光，2005），为自己带来更高的晋升概率（周黎安，2007）。而“别出事情”就是尽可能规避“一票否决”事项所带来的风险（张程，2020）。

因此，本研究提出了相对绩效与政府注意力分配命题：在以目标管理责任制和横向竞争性晋升为核心的晋升锦标赛模式下，城市官员所面临的相对绩效对城市注意力分配产生重要影响。较高的相对绩效会使城市政府倾向于将注意力分配在经济发展和“一票否决”等事项上。

3. 向上嵌入与政府注意力分配

（1）下管一级的干部人事制度与向上嵌入

改革开放后，中央对干部人事制度进行了一系列调整。1980 年 5 月 20 日，经中央批准，《中共中央管理的干部职务名称表》重新修订并发布，对各级党政机关和企业、事业单位中担任主要领导职务的干部，都列出了职务名称表，由中央和各级党委、各部门分别负责管理。对于党政机关，一般要管理下两级机构中担任主要领导职务的干部。中央对中央机关和国家机关管理部（委）、局（司）两级，对地方管理省（市、自治区）、地（市、州、盟）两级；省、市、自治区党委对省委机关和省人民政府机关管理局、处两级，对地方管理地（市、州、盟）、县（市、旗）两级。1984 年，按照对干部“管少、管好、管活”的原则，中央组织部再次修订《中共中央管理的干部职务名称表》，进一步改革了干部管理办法。中央组织部在《中央组织部关于修订中共中央管理的干部职务名称表的通知》中指出：“这个职务名称表，是遵照中央关于改革干部管理体制，采取分级管理，层层负责，适当下放人事管理权的指示和中央原则上只管下一级主要领导干部的精神修订的。”1984 年以后，中央组织部就有关干部管理问题又相继作了一些规定。1985 年 8 月，中央组织部、中央宣传部、中央统战部联合下发了《关于中央宣传部、中央统战部分管的属于中央管理的干部划归中央组织部管理的通知》，1990 年 5 月 10 日，中央组织部下发了《关于修订〈中共中央管理的干部职务名称表〉的通知》，同年 9 月，中央组织部、中央宣传部又下发了《关于贯彻中发〔1989〕7 号文件有关干部管理工作几个问题的通知》等。至此，基本形成了下管一级的干部管理体制。（张志坚，2009）

在这种“下管一级”的委任制干部管理体制中，中央主要负责管理中央国家机关部（委）级的领导干部，对地方负责管理省（直辖市、自治区）一级的领导干部。省（直辖市、自治区）党委负责管理省级机关厅、局级领导干部，对地方负责管理地、市、州、盟的领导干部。（王国红，2007）因此，在遵循中央确定的干部政策前提下，省级领导对省级以下干部的任用上有一定的决定权，对城市领导的任命具有极大的自主性。（Tang et al.，2022）

（2）向上嵌入与城市注意力分配

“下管一级”干部人事制度与官员层级分流的特点，导致了直接上下级之间的人事联系密切，但在此之外向上或向下层延伸触及的可能性急剧下降。（周雪光，艾云，葛建华，顾慧君，李兰等，2018）因此，嵌入上级官员的社会网络变得十分重要。这种向上嵌入是下级官员追求晋升和安全的必要条件（Pye，1995），因为这能够帮助他们获得更多支持，降低职业生涯风险（Jiang，2018），是在绩效考核制度正式化背景下提高自身资源动员能力和降低职业生涯风险的有效途径（周雪光，2008）。

首先，向上嵌入可以增加正式制度中的可信承诺。近年来，学者逐渐意识到向上嵌入在官员晋升中的关键作用（陶然，陆曦，苏福兵和汪晖，2009）。他们认为，在绩效管理系统引入之前，非正式制度如个人关系、社会关系和网络在公共组织中占据重要地位。这些非正式制度和新引入的绩效管理制度共同构成了包括忠诚与正式制度在内的复杂网络。早期的研究主要集中于争辩客观绩效和向上嵌入究竟谁在官员晋升中扮演主要角色。（Chen & Kung，2016；Keller，2016；Li & Zhou，2005；Opper，Nee，& Brehm，2015；Shih et al.，2012；Yao & Zhang，2015）

然而，最近的研究表明这两者可能共存于科层组织内，在不同层级发挥着不同作用。例如，Landry et al.（2018）认为，在大规模的多层级政治体制中，政治关系网络与客观绩效在不同层级发挥着不同作用，客观经济绩效在较低行政级别比在较高级别的官员晋升中发挥着更大的作用，以在对下属信任和能力之间取得平衡。Jia et al.（2015）则认为，政治关系网络与客观绩效在官员晋升过程中是互补的，上下级之间的政治关系网络促进了下级官员对上级官员的信任，降低了上级官员对下级官员替代自身的担忧，从而使他们更愿意提拔那些客观绩效更出色、能力更强的下级官员。Jiang（2018）认为，在正式绩效考核制度充满不确定性、完成绩效需要大量非正式操作的转型期，向上嵌入可以在上下级官员之间建立可信承诺，让正式绩效考核制度承诺变得可信，从而提高对下级官员的激励。

其次，向上嵌入可以增加上级对下级物质和非物质的支持。向上嵌入可以提高下级官员的物质和非物质资源动员能力，增加他们完成任务的可能性，从而提升激励水平。例如，通过向上嵌入，上级官员可以增加对下级官员的财政转移支付，提高他们促进经济增长的努力程度。（Jiang & Zhang，2020）通过赋予合法性权威，还能够提高下级官员对抗精英俘获的能力，使他们更关注弱势群体的诉求并推行改革。（Jiang & Zeng，2020）此外，通过向上嵌入上级官员的社会网络，下级官员还可以获得更多职业发展保护，从而使他们更有可能突破正式规则，采取一些不在正式规则范围内的行为。（Ang，2016）例如，在正式考核制度下，通过向上嵌入上级官员社会网络，地方官员可以通过非正式谈判（周雪光和练宏，2011）、数据处理（Tang et al.，2022）等方式规避正式考核带来的职业生涯风险。

第三，向上嵌入增强了上级对下级的行政控制。Holmstrom

& Milgrom（1991）将行政控制作为防止代理人注意力扭曲的一种治理工具。通过下级官员的向上嵌入，上级官员能够通过共享的政治和社会网络加强对下级官员的监控，并能通过降低或增加下级官员在自身非正式关系网络中地位的非正式制裁或奖励施加额外问责，促使下级官员的价值观和优先事项与自己保持一致,将下级官员注意力聚焦于上级官员关注的议题上。例如，Toral（2019）发现，当上级官员希望提高基层公共服务供给效率时，那些向上嵌入其关系网络的下级官员会更努力提高公共服务效率。

最后，向上嵌入加强了上下级之间的沟通。Ocaiso（1997）认为决策者所在的沟通系统和程序决定了他们注意力分配的焦点。这些组织程序和沟通系统包括正式和非正式的互动方式，如会议、报告和协议文本等,用以引导决策者针对议题采取行动。在注意力资源有限的约束条件下，城市政府必须对中央政府发包的多项任务进行取舍。然而，具体的取舍方式并没被写入正式制度（陶然等,2010）。向上嵌入提供了额外的非正式沟通渠道，使下级官员能更多地接触上级官员，加强双方之间的信任与沟通。这样，上级官员能够更加准确地传递绩效考核信号，让下级官员能够在多项任务中更为准确地识别出哪些任务是十分关键并必须完成的，而哪些任务则是相对忽视也不会受到严厉处罚。例如，已有研究发现，在以经济增长为优先事项的背景下，向上嵌入的下级官员会更少在GDP增长率这种关键绩效指标上进行数据处理（Jiang & Wallace，2017），会真实地付出更多努力去推动辖区经济增长（Jiang，2018），而对环境治理这种相对不重要的事项则更可能通过修改数据敷衍塞责（Tang et al.，2022）。

因此，通过向上嵌入上级官员的社会关系网络，为地方主政官员构建了这样一种情境：他们拥有来自上级领导给予的更可信的晋升承诺、更多的物质或非物质资源支持、更准确的信息和更严格的控制，也拥有在上级领导保护下更多的非正式行为规则空间。这可能激励城市官员关注那些对领导和他本身晋升更为重要的事项，并通过非正式行为规则应付对晋升不太重要的事项。同时，在上级注意力发生转移时，他们能更及时地进行注意力转移，使自身注意力分配与上级保持一致。

基于此，本研究提出向上嵌入与城市注意力分配命题：在下管一级干部管理制度下，城市官员向上嵌入上级官员社会网络对城市环境治理的注意力分配有重要影响。那些拥有向上嵌入关系的城市政府，更有动力关注经济发展与“一票否决”等与自身晋升相关的事项，也拥有更多物质与非物质资源支持，可以采取一些非常规手段来建立自身的权力基础和规避考核风险。

4. 本书分析框架

在政府的实际运作中，中央政府将政治、经济、社会、文化和环境治理等多项任务发包给管理方，但仍然掌握着各项任务目标制定的最终权威。城市政府负责各项任务的最终执行，省政府则掌握着中央政府授予的激励分配权，并负责将任务细化后分配给城市政府。因此，省级政府根据城市政府目标完成程度进行横向竞争性考核，并据此进行职位等激励的分配。

多任务、多重委托下的行政发包制决定了城市政府需要负责政治、经济、文化等多项治理任务，构成了城市政府治理的多任务、多重代理情境。在这种情景下，城市政府不仅需要决定在某职责任务上的注意力聚焦，还需要决定如何在多任务间进行注意力的权衡取舍。

多重委托情境决定了上级政府在检查验收和晋升激励分配中的重要作用。城市主政官员能否与上级政府达成“君子协定”（周雪光，2008）以实现共谋，将直接关系到自己政策执行验收效果和晋升机会。而“下管一级”的具体干部人事管理制度安排，则使与直接掌握自己职位分配权的上级主政官员的非正式关系成为决定城市主政官员职位晋升的关键因素（陶然等，2009；Landry et al.，2018；Jia et al.，2015），也是资源（Shih，2004；Jiang & Zhang，2020）、信息权威流动（周飞舟，2016；Jiang & Wallace，2017；Jiang & Zeng，2020）的重要渠道。向上嵌入上级官员社会网络，城市官员可以强化正式考核制度的可信承诺、缓解下级官员的物质与非物质约束，并赋予了“共谋”等非正式手段，使城市官员面临着不同的注意力分配情境。

以目标管理责任制和横向竞争性晋升制为核心的考核晋升制使城市政府主政官员的晋升受发包任务目标完成相对绩效的影响，晋升锦标赛中获得的名次构成了城市政府重要组织情境，因为较好的名次意味着更高的晋升概率。（Li & Zhou，2005；周黎安，2007；罗党论等，2015）

因此，在层级行政发包制所构建的多任务情境下，本研究从对城市主政官员职位有关键影响的相对绩效和向上嵌入两个方面，建立分析框架（具体见图 1.5）。

二、研究设计

（一）分析单位和研究样本的选择

本研究以 2005—2019 年地级以上城市注意力分配为例，来研究分析相对绩效与向上嵌入对城市政府环境治理注意力聚焦和权衡的影响。

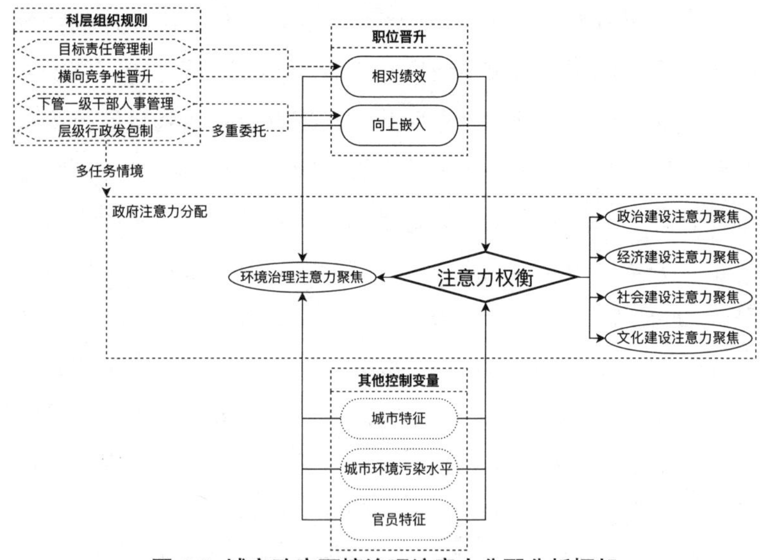

图 1.5 城市政府环境治理注意力分配分析框架

1. 为何选择地级以上城市

本研究选择以地级市以上城市为研究对象主要基于以下三个方面的考虑：

首先，城市是环境影响的主角。长期以来，城市经济发展一直是我国整体经济社会发展的重心。截至 2021 年末，我国常住人口城镇化率已达 64.72%（国家统计局，2022）。然而，在城市发展过程中，生态治理、节能减排等发展指标相对缺乏，许多城市仍然延续“三高一低”的粗放式发展模式，导致对空气、地下水、江河水、矿产等资源的掠夺式开发，能源消耗高，污染排放严重，城市环境恶化问题日益突出。（余敏江，2019）雾霾频发、地下水过度开采、城市“高温化”等问题日益严重，已经严重威胁到城市居民的生活质量和身体健康。《2016 中国环境状况公报》显示，75.1% 的地级及以上的测试城市空气质量超标；检测降水的城市里，酸雨城市比例为 19.8%；Ⅳ类、Ⅴ类和劣Ⅴ类水质一共占全国评价考核地表水的 32.3%；超过 60% 的水质监测点地下水水质较差或极差。（中国环境保护部，2017）近年来，尽管城市环境有所改善，但城市环境治理任务仍然十分繁重。

其次，城市政府是环境治理的主要主体。在多层次行政发包体系中，中央政府通常负责制定宏观政策目标，省级政府负责政策目标的细化，这两个层级的政府并不直接参与环境污染治理，而市政府则通常是环境污染治理的直接责任方。例如，国务院在 2013 年发布的《大气污染防治行动计划》中将具体目标规定为："到 2017 年，全国地级及以上城市可吸入颗粒物浓度比 2012 年下降 10% 以上，优良天数逐年提高。"（国务院办公厅，2013）同时，生态环境部（原环保部）也将城市作为环境治理考核（马亮，2016）和约谈问责（吴建南等，2018；吴建祖和王蓉娟，2019；石庆玲等，2017；王惠娜，2019）的关键主体，城市政府环境治理注意力投入程度的提高对环境治理改善有决定性作用（王宝顺和刘京焕，2011）。

最后，现有的政府注意力研究大多以中央政府或省级政府为对象，对地级以上城市政府的注意力分配研究尚不充分。本研究希望通过系统地收集整理城市政府工作报告，以地级以上城市为对象进行研究，从研究对象上推进现有研究，以捕捉和展示政府注意力分配的更多细节（陶鹏，2019）。

2. 为何选择 2005—2019 年

本研究的时间跨度为 2005 年至 2019 年，选择这一时间段主要是考虑到数据的可获取性。本研究以 2019 年《中国城市统计年鉴》公布的地级以上城市为基准样本。关键数据来源于地级以上城市政府工作报告，主要通过政府门户网站、百度、地方年鉴等渠道搜集。由于我国在1999年实施了“政府上网工程”，推动政府网站建设，并于2002年颁布了《国家信息化领导小组关于我国电子政务建设指导意见》，要求各级政务部门加快政务信息公开的步伐。2007年1月，国务院通过《中华人民共和国政府信息公开条例》（以下简称《政府信息公开条例》），为我国政务公开提供了全国性的、较高位阶的法律依据。因此，从2002年开始，各地方政府陆续在其门户网站上公布政府工作报告。随着2008年《政府信息公开条例》的正式施行，各地方开始系统地公布政府工作报告。然而，在2005年之前，许多政府实际上并未在网上公布政府工作报告，导致大量数据缺失。因此，本研究将时间范围限定在2005年至2019年。

（二）定量研究方法

1. 城市注意力分配测量——基于利用LDA模型对政府工作报告的分析

由于决策的复杂性和难以进入决策现场等条件约束，政府注意力的衡量成为开展注意力实证研究的难题。本研究利用潜在狄利克雷分配（Latent Dirichlet Allocation，简称LDA）模型对政府工作报告进行分析来测量政府注意力分配。

（1）为何选择政府工作报告

由于注意力相对抽象、难以量化，研究者目前主要从财政开支、政策文本、时间分配三类数据来测量政府注意力。

①财政开支

由于财政资源的有限性，政府必须将其统筹于各项治理任务中。这就意味着政府在不同治理需求中分配财政资源。一般来说，财政投入比例通常被视为衡量政府对某一领域或任务的重视程度的指标。财政投入比例越高，则政府对该领域或任务的重视程度越高。同时，在财政资源有限的情况下，财政开支上的注意力还具有竞争权衡特性，即财政分配的比例变化可以反映政府在不同领域或任务上的注意力分配情况。因此，学者通常通过统计某个领域、某项任务的财政支出数量或支出占比来衡量政府的重视程度，并比较政府在不同领域或任务上的注意力分配变化情况。（赖诗攀，2020）

然而，财政开支在衡量政府注意力时存在一定的局限性，容易遗漏政府对非资金开支形式任务的关注，其效度较低。（陈那波和张程，2022）例如，近年来的反腐风暴使地方政府对党风廉政建设给予了大量关注，但从财政开支的角度很难准确衡量政府在这一议题上的注意力分配情况。因此，本研究试图实证分析环境治理与其他政策议题之间的注意力权衡情况，更全面地衡量政府注意力分配空间。财政开支对非资金开支形式任务的忽略可能导致对政府注意力分配空间的政策议题产生重大遗漏。

②时间分配

通过对时间分配的研究，可以了解人类在行动过程中，在有限资源的约束下如何对事件的重要性进行划分。在组织学研究中，学者通常采用社会学的田野调查、访谈等方法来探究多任务情境下的注意力分配。跟踪日志、访谈文本、工作日志成为其分析注意力的重要经验材料。（Perlow，1999）在对街头官僚的研究中，不少学者通过收集工作日志、近距离观察主体工作过程，以精确地描述其基于职位的时间图谱。他们依据具体职责的耗时占比来界定其所关注的核心任务，或者以“闲忙”时段来推断其时间压力的周期性，从而实现对基层执行者工作注意力的度量。（黄佳圳，2018）利用时间分配可以相对直接地测量注意力，但由于研究准入等条件限制，一般仅应用于一线基层工作人员的注意力分配研究。

③文本数据

“文件治国”（ruled by documents）是中国特色。（Chan & Gao，2008）在实际的党政运行中，决策所形成的文件贯穿了治理过程。政策文本有助于我们更广泛地对政府注意力进行全面测量。基于本土情境，学者常采用政策文本、领导批示和政府工作报告来衡量政府注意力。

一是政策文本。政策文本一般被用来测量政府在环境治理（秦浩，2020）、自由贸易区（郭高晶和孟溦，2018）、大数据治理（王长征，彭小兵和彭洋，2020）等某一具体政策领域的注意力，但难以衡量政府在整个政策议程空间的注意力分配。

二是领导批示。在政治运作过程中，批示是各级领导工作的重要方式。尽管批示并不代表正式决策，但通常提示了某些人员或部门注意解决哪些问题，或者要求提出处理建议和进一步的情况，或者对提出的建议表示意见等（胡乔木，1993），反映了各级领导对议题的紧急程度和优先性的判断。因此，基于本土政治运作情境，学者也常用领导批示来衡量政府注意力分配。例如，陈思丞、孟庆国（2016）利用《毛泽东年谱（1949—1976）》中的2614段批示衡量了毛泽东的注意力配置情况。陶鹏、初春（2020）通过搜索包含批示的新闻，结合比较议程项目编码系统和监督学习法，衡量了总理、省长和市长三个级别领导的注意力分配。然而，领导批示（尤其是在任领导人的批示）获取成本高（Yan et al.，2022），而且难以通过公共渠道收集到所有书面指令，这使得依据公开批示数据所得出的检验结果及理论生产具有情境条件性（陶鹏和初春，2020）。

三是政府工作报告。相较于其他数据来源，政府工作报告具有以下优势。

首先，政府工作报告提供了政策的重要线索。政府工作报告是政府向人大报告年度工作、具有法定效力的官方正式文件。（魏伟，郭崇慧和陈静锋，2018）它不是一个简单的“政治仪式”，而是一个正式的绩效报告过程，是政府用于对外宣传和承诺的重要文件，不仅关乎地方主政官员自身前途，而且关乎其他人的政治前途。（马亮，2013b）各级政府对政府工作报告的撰写工作都非常重视，会组织政府办公室专门人员历时数月和多个阶段完成，并精心挑选主题和确定字数。（Wang，2017）

政府工作报告撰写流程主要分为三个阶段：起草准备、形成讨论稿阶段；征求意见、修改完善阶段；提交大会、正式审议阶段。（《第一财经日报》，2015）以中部某省的地级市 A 为例，政府工作报告的起草和修订是一年中的重要工作内容。为起草政府工作报告，市政府研究室大约于每年 9 月开始组建政府工作报告起草小组，至 1 月最终定稿，共历时 4 个多月，需开展四轮大规模征求意见。

起草准备、形成讨论稿阶段：（1）工作报告提纲拟定。起草小组初步拟定政府工作报告提纲，并提交给市长修改，确定初稿提纲。（2）形成讨论稿。在市直部门、县（市）提交的年度总结基础上，起草小组组织人员形成初稿。

征求意见、修改完善阶段：（3）第一轮征求意见。将讨论稿发至各市直部门、县（市）征求意见，在市直部门、县（市）收集反馈意见后，由负责人签字确认后发回。起草小组综合反馈意见后进行修改。（4）第二轮征求意见。由市长、副市长率队到各市直部门、县（市）面对面征求意见，并有针对性地进行修改。（5）第三轮征求意见。由市长带队到人大、政协和老干部处征求意见，根据意见修改形成市政府常务会议送审稿。（6）市政府常务会议审议。将送审稿递送市政府常务工作会议审议，由各分管副市长就所分管部门来年工作提出意见，并进行签字认领。（7）市委常务会议讨论定稿。提交至市委常务会议，确定相关事项并最终定稿。

提交大会、正式审议阶段：（8）市长做政府工作报告，人大审议。市长代表市政府向市人大报告政府工作，并由市人民代表大会全体会议、代表团会议讨论审议。（9）重点任务分工。采用“拉清单”的方式列出政府工作报告中的来年工作要点，形成政府工作报告任务分解文件，并将工作分派至各市直部门、县（市）执行。（注：资料来源于与中部某市市政府研究室科长的访谈）党委政府设立了督查办公室，负责监督检查各市直部门、县（市）执行情况，并将政府工作报告完成情况与绩效考核相挂钩，对任务完成不理想的部门和地方主政官员进行诫勉谈话。人大会也会就政府工作报告任务完成情况展开专题询问。这些具体的执行机制表明，政府工作报告并不仅仅是空话，而能够对官员的物质和政治利益产生实质影响。（Wang，2017）

从撰写过程可以看出，政府工作报告是汇集了各部门意见、代表了整个政府班子的重要政策议程文件。它指导本年度政策的实施，是地方各级政府进行资源配置和精力投入的指挥棒，能够较好反映各级政府重视什么，将把资源投到哪里。（Shi，Shi，& Guo，2019）因此，人们普遍认为政府工作报告是关于各级政府政策重点的重要线索来源，为研究政策提供了充足的实证证据。（Wang，2017；Shi et al.，2019）

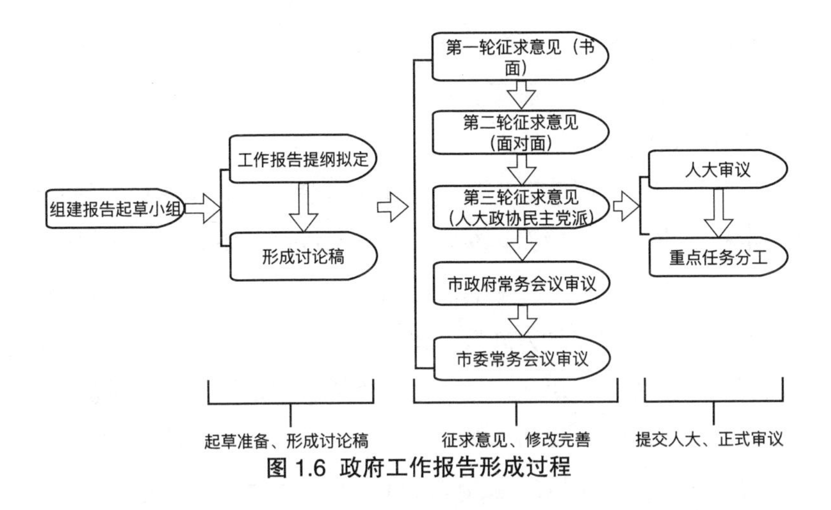

图 1.6 政府工作报告形成过程

其次，政府工作报告提供了衡量各级政府注意力分配的一致性手段。政府工作报告已经从零星的实践发展成为一个全国性的、高度制度化的体系。政府工作报告在全国（地方）人民代表大会报告后，会根据规定通过当地报纸、政府网站进行全文公布。因此，政府工作报告可以帮助学者系统地收集数据，跨地区和行政级别进行可靠的比较并得出可概括的结果。（Wang，2017）

最后，政府工作报告提供了较为完整的政策议程空间。政府工作报告内容主要包含前一年或前五年政府工作成绩总结、新一年政府发展方向和目标以及主要工作安排，涉及了政治、经济、文化、社会、生态等方方面面的内容，是一份具有施政纲领性质的综合性政策文件。然而，在有限的文本空间内，政府必须对各部分内容进行权衡，若环境治理内容谈多了，则其他内容就必须做出删减。本研究不仅关注政府注意力如何在环境治理议题上聚焦，还关注政府如何在环境治理与政治建设、经济建设、社会建设和文化建设之间进行权衡。因此，相较于领导批示、政策文件等数据来源，政府工作报告为我们勾勒了一个较为完整的政府政策议程空间，为我们分析政府注意力权衡提供了可能。

与此同时，政府工作报告也成了学者分析政府注意力分配的常用数据来源。例如，文宏（2014）以国务院政府工作报告（1954—2013）为分析文本，运用字典列表法分析了国务院对基本公共服务的注意力配置。王琪和田莹莹（2021）以国务院政府工作报告（1978—2021）为分析样本，通过文本分析法，探讨了中央政府环境治理注意力变迁。王印红和李萌竹（2017）利用了30个省、市地方政府自2006年到2015年的300份政府工作报告，采用字典列表法衡量了地方政府生态环境治理注意力的变化规律。然而，这些分析更多是采用中央政府、省政府工作报告，较少利用地级市以上城市政府工作报告对城市政府注意力分配进行测量分析。

（2）为何选择LDA模型

目前，政府注意力的测量主要有三类方法：问卷调查法、案例研究法和内容分析法。（刘景江和王文星，2013）

问卷调查法是一种常用的社会调查方法，在注意力实证研究中也经常被采用。例如，在有关跨国公司总部高管国际注意力对绩效影响的研究中，Bouquet et al.（2009）就在辅以深度实地访谈和档案资料分析的基础上，主要采用问卷调查法测量了跨国公司高管的国际注意力。Stevens et al.（2015）利用问卷调查法测量了148家营利性社会企业对社会目标的注意程度，以探究注意力结构对社会目标相对注意力的影响。相较于其他方法，问卷调查法具有快速有效的特点，调查结果也容易量化和便于统计处理。但一方面，该方法对调查问卷的设计要求较高，且基于回忆和经验体会的主观问卷反馈，使调查问卷的效度难以保证。另一方面，注意力的测量往往涉及高层管理者，问卷回应率低（Harzing，2000），问卷代表性也难以保证。

案例研究法按照数据的来源又可以分为文件法、工作日志法、访谈法和观察法等。例如，Ocasio & Joseph（2008）利用访谈法和文件法，研究了通用电气公司管理者的注意力如何引导企业战略的制定和执行。Rerup(2009)综合运用半结构化访谈法、文件法和参与式观察法收集数据，对 Novo Nordisk 公司进行了研究，发现组织注意力不是一种可以由高层管理者稳定和控制的组织现象，而是一种分散的、不断发展的过程。组织通过平衡注意力的稳定性、生动性和连贯性来检查那些弱线索并从罕见危机事件中学习。Bentzen et al.（2011）基于对一家国际石化公司每隔两个月举行一次的管理会议观察，研究了不同因素对管理者注意力分配的影响。案例法可以观察到注意力分配的具体过程，能够提供注意力分配过程的丰富细节，在注意力分配的实证研究中经常被采用。然而，其研究信度难以保证，而且时间成本相对较大，对研究人员的要求较高。（Rerup，2009）

内容分析法是目前测量注意力最常用的方法，已被广泛应用于社会科学研究中的许多领域，是一种定性与定量结合的研究方法（刘景江和王文星，2013）。例如，Eggers & Kaplan（2009）运用内容分析法分析了公司致股东的信函，探讨了 CEO 注意力对企业进入剧烈变化的新技术市场时机的影响。其具体操作为，首先根据研究问题确定决策者注意力配置的重点，选择一系列与研究问题密切相关的关键词，然后对信函内容进行文本搜索，得出关键词在文件中出现的频数，从而测量管理者注意力分配。

有很多方法可用于进行内容分析和从文本中推断含义，目前，常用的内容分析法包括深度阅读、人工编码、字典列表、监督机器学习和主题模型。然而，每种方法都包含特定的假设，并且需要不同的成本（表 1.2 列举了各种方法包含的特定假设，表 1.3 列举了其各个分析阶段的成本）。

表 1.2 各种内容分析方法的基本假设

假设	深度阅读法	人工编码法	字典列表法	监督学习法	主题模型
类别是可知或未知	否	是	是	是	否
类别嵌套是可知或未知	否	是	是	是	否
文本特征是可知或未知	否	否	是	是	否
映射是可知或未知	否	否	是	否	否
编码是否自动化	否	否	是	是	是

表 1.3 各种内容分析方法各阶段成本

<table>
<tr><th colspan="2">内容分析方法</th><th rowspan="2">深度阅读法</th><th rowspan="2">人工编码法</th><th rowspan="2">字典列表法</th><th rowspan="2">监督学习法</th><th rowspan="2">主题模型</th></tr>
<tr><th>阶段</th><th>成本</th></tr>
<tr><td rowspan="2">分析前</td><td>概念化时间成本</td><td>低</td><td>高</td><td>高</td><td>高</td><td>低</td></tr>
<tr><td>专业背景知识水平要求</td><td>中 / 高</td><td>高</td><td>高</td><td>高</td><td>低</td></tr>
<tr><td rowspan="2">分析</td><td>每篇文档编码时间成本</td><td>高</td><td>高</td><td>低</td><td>低</td><td>低</td></tr>
<tr><td>专业背景知识水平要求</td><td>中 / 高</td><td>高</td><td>低</td><td>低</td><td>低</td></tr>
<tr><td rowspan="2">分析后</td><td>结果解释评估成本</td><td>高</td><td>低</td><td>低</td><td>低</td><td>中</td></tr>
<tr><td>专业背景知识水平要求</td><td>高</td><td>高</td><td>高</td><td>高</td><td>高</td></tr>
</table>

深度阅读法是一种相当灵活的内容分析法，它依赖于最少的前提假设，不需要事先规定目标类别及其数目、类别间的关系。在这种方法中，文本被视为一个整体，并由人员通过深度阅读来归类。此归类过程的算法也无须特别指定。然而，高度的灵活性也伴随着高昂的分析成本。首先，深度阅读要求阅读人员至少具备中等程度以上的语言理解能力和专业背景知识；其次，每篇文档都需要深度阅读人员花费大量的时间来仔细阅读并进行分类。当要对长篇文档进行分类时，更需要大量的思考、专业知识和严谨的态度。这使得在分析大量政治相关文本时，需要付出的成本变得难以承受。因此，深度阅读法仅适合用于少量文本的分析，而不适合进行大样本研究。

人工编码方法需要在分析前确定好目标类别及其数目，以及目标类别相互间的嵌套关系，但并不要求对归类的文本特征、文本特征与目标类别间的映射关系做出规定。通过编码人员阅读每篇文本，将其归类到事先确定好的目标类别中。仔细和系统地使用人工编码技术有助于产生令人印象深刻的数据集，例如美国政治研究中的政策议程和国会法案项目（Policy Agendas and Congressional Bills in American Politics）以及比较政治中的比较宣言项目（Comparative Manifesto Project）（Budge，Klingemann，Volkens，Bara，& Tanenbaum，2001；Klingemann，Volkens，Bara，Budge，& McDonald，2006）。这些数据资源对政治学的影响很难被低估，产生了大量基于这些数据资源的书籍和研究论文。人工编码技术的最大好处在于允许在文本中的词与主题类别之间建立复杂和依情况而定的映射。因此，当人力资源充足、目标类别确定且类别与文本特征之间映射未知时，人工编码方式是内容分析的一种最有用的标准方法（Budge et al.，2001；Klingemann et al.，2006；Ansolabehere，Snowberg，& Snyder，2003；Ho & Quinn，2008）。

人工编码技术也存在一些缺点：一是可靠性与可复制性问题。对于人工编码，可以通过对两个或两个以上独立编码人员的分类结果是否一致来检查其可靠性。然而，我们始终无法确切知晓他们如何达成一致，如果增加更多编码人员还能否达成一致。二是高昂的编码成本。通过事先明确定义的、互斥和周延类别，人工编码需要的专业知识比深度阅读要少。但由于仍然需要对文本进行阅读，这不仅要求编码人员掌握相关语言，还需具备中等程度的专业背景知识以正确解读文本含义。特别是，要设计一个可行的分类方案往往需要大量的专业知识和时间。三是先验性。在对一系列文档的主题进行编码时，需要引入大量的先验信息。例如，在编码文档时，研究者需要事先编制一套规则或关键词，以便人工编码员或计算机能够将文档分入预先划好的主题类别中。

字典列表法是对文本内容进行自动化编码的一种初步尝试。在使用字典列表法时，首先需要开发一个明确表明归属类别的词和短语列表，然后利用计算机程序来统计这些字典条目在文本中的使用情况，以确定文本可能的类别。因此，与人工编码类似，字典列表法需要明确目标类别、相关的文本特征（构成字典列表的单词或短语）以及文本特征与目标类别之间的映射关系。在这些假设得到满足时，字典列表法是一种快速且有效的方法。然而，字典列表法也存在着很高的启动成本。建立和维护这样的字典列表通常需要大量的专业知识和经过多次试错。此外，字典列表通常针对特定任务，难以泛化到其他研究中。

但一旦建立了高质量的字典，分析成本就会大大降低。大量文本可以通过计算机程序轻松分析，文本描述性数字摘要很容易自动生成，并且解释和有效性评估也会相对简单。因此，在分析某一个或某几个明确类别时，字典列表法得到了广泛应用。（Gerner，Schrodt，Francisco，& Weddle，1994；Cary，1977；Holsti，Brody，& North，1964；文宏，2014；文宏和赵晓伟，2015；文宏和杜菲菲，2018；王印红和李萌竹，2017；王琪和田莹莹，2021）

在监督机器学习算法中，首先需要从总体文本中随机抽取部分文本来作为训练数据和验证数据，进行手工编码。接着，监督机器学习算法被用来尝试推断从文本特征到手工编码类别的映射，并将推断出的映射用于验证数据中，通过计算样本外预测准确性来评估映射质量，从中找出质量最高的映射作为最终映射。最后，将获得的最终映射应用于未经手工编码的样本，实现对文本的自动分类。监督机器学习算法仍然认为类别是已知和固定的，虽然一些文本特征需要手工识别，但监督机器学习算法决定了哪些文本特征是相关的以及它们如何映射到目标类别。尽管分析过程完全自动化，可以对大量文本进行自动化处理。并且随着监督机器学习算法的不断发展成熟，该方法的应用不断增多（Purpura & Hillard，2006；Hillard，Purpura，& Wilkerson，2007，2008；Kwon，Zhou，Hovy，& Shulman，2007）。但由于监督机器学习算法仍然需要手工编码，需要用到大量的人力资源，而且主题的本质含义和特征也都是先验的，因此，在对长时段、跨地区数据进行分析时，这种大量先验信息的代入容易造成“我这脚是为你这鞋长的”的后果。

主题模型是一种非监督学习法。与深度阅读法一样，主题建模也不需要事先确定目标类别及其关系、文本特征、文本特征与类别间的映射关系。但与深度阅读需要人工阅读不同，主题建模利用监督机器学习算法自动对文本进行分类。主题模型假定词汇揭示了文本的类别，而词汇与主题类别间的映射由某一特定的参数形式所决定。主题模型试图去识别而非假设主题类别，相关参数描述了词汇与主题的映射和文本的类别归属。与其他方法相比，主题模型的前分析和分析阶段的成本较低，但在后分析阶段需要较高的专业知识来对结果进行解释和评估。主题模型的类别划分和关键词识别都是直接从观察数据中估计出来的，除了规定主题数目外，不需要对类别、文本特征、文本特征与类别间的映射进行事先规定。因此，主题模型是一种可靠的、可复制和低成本的内容分析方法。（Quinn，Monroe，Colaresi，Crespin，& Radev，2010）随着文本数据的增多和监督机器学习算法的不断成熟，主题模型在政治与公共管理学中得到了越来越多的应用。（Blei，Ng，& Jordan，2003；Blei & Lafferty，2007；Blei & Lafferty，2009；Wang & McCallum，2006；Yan et al.，2022；Meng & Ziteng Fan，2022；Jiang et al.，2019）

（3）小结

本研究旨在通过对 2005 年至 2019 年 4864 份政府工作报告进行分析，来衡量政府的注意力。相较于其他方法，LDA 模型具有以下几个优势：

首先，LDA 模型算法严格依据词的共现模式来进行聚类，能够有效避免手工编码的主观性和错误。主题间界限的模糊性和自然语言的多义性，导致难以一致地利用事前确定的规则解读文本，甚至这些规则本身也难以事前确定。对于政府工作报告这种包含多个复杂议题的政策文本来说，目前尚不存在通用的编码规则（Jiang et al.，2019）。而主题模型的类别划分和关键词识别都是直接从观察数据中估计出来的，除了规定主题数目外，不需要对类别、文本特征、文本特征与类别间的映射进行事先规定。因此，主题模型是一种可靠的、可复制的内容分析方法（Quinn et al.，2010）。此外，LDA 模型不仅可以通过语义将词聚类在一起，还能够以措辞方式进行聚类，而人工编码常常难以对后者进行区分。

其次，LDA 模型能够以概率方式处理政策嵌套问题。由于许多政策是多面向的，可以归类在多个领域。随着治理环境的高度复杂性转向，政府正承担着越来越多的来自“条块”的治理任务，为此，政府往往将各种政策目标相互嵌套在一起，形成多政策目标组合治理。（许中波，2019）例如，一项基础设施建设工程，既可能与经济发展有关，也可能与环境治理有关，还可能与农村建设等民生事项有关。这种情况下，人工编码常常难以准确处理，而 LDA 模型结合与该词共现的其他词汇，利用贝叶斯估计方法，能够相对精确地估计该词归属于各主题的概率。

最后，LDA 模型是一种低成本的内容分析方法，使得利用大规模政策文本进行定量分析成为可能。相较于以往政府注意力分析主要基于国务院和省政府工作报告，本研究主要利用了来自 200 多个城市 2005 年至 2019 年的政府工作报告，文本数量超过 4000 份。采用 LDA 模型有利于大规模政策文本数据处理。

目前，LDA 模型在政治学、心理学、人口遗传学、计算机视觉等领域得到广泛应用（Blei，2012）。基于政府工作报告的相关研究也发现，由于政府工作报告的文本写作比较符合规范，大幅降低了分析噪声，使用LDA模型能够发现具有实质性和一致性的主题，并且估计主题比例的测量误差较小。（Jiang et al.，2019；Jiang，2018）因此，本研究利用LDA模型通过对政府工作报告进行分析来测量城市政府的注意力分配。

2. 相对绩效、向上嵌入与城市政府环境治理注意力聚焦——基于多维固定效应模型的分析

针对第一个研究问题，即相对绩效、向上嵌入对城市政府环境治理注意力聚焦的影响，本研究采用多维固定效应定量模型进行分析。

政府注意力分配和转移受多种因素影响，例如特殊事件、媒体推动、政府决策等。（王印红和李萌竹，2017）在实证检验相对绩效、向上嵌入对城市政府环境治理注意力聚焦影响时，面临的最大挑战在于控制可能存在的大量混淆因素。

首先，城市政府注意力聚焦可能受到多种混淆因素影响。在由委托方（中央政府）—管理方（省级政府）—代理方（市政府）构成的多任务发包科层组织中，作为代理方的城市政府注意力聚焦不仅需要因应城市本身的固定或随时变化特征，还受到作为委托方与管理方的中央政府、省级政府等政策的影响。此外，中央政府还会针对不同区域或省实施差别化政策。例如，在2013年，为应对京津冀及周边地区大气污染问题，国务院成立了京津冀及周边地区大气污染防治领导小组，专门负责京津冀及周边地区大气污染防治的方针政策和决策部署。（人民网，2013）不同省份在不同年份也可能面临着不同的政策环境变化，如省级政府高层领导层的变化等。因此，实证检验城市政府注意力分配变化的影响因素中可能存在多种潜在的内生性影响因素。基于此，本研究采用多维面板固定效应模型，控制了宏观

政策变化的年份固定效应、城市固定效应，并在此基础上还对省份－年份交叉固定效应进行了控制，以解决城市固定特质、年份冲击以及特定省份的经济政治冲击等混淆因素可能导致的内生性问题。

其次，相对绩效与城市环境治理注意力聚焦之间可能互为因果。相对绩效可能会影响城市环境注意力聚焦，但因果方向也可能相反。例如，城市环境注意力聚焦水平高可能导致该市经济相对落后于其他城市，从而导致相对绩效排名与城市环境治理注意力聚焦之间出现负相关。为了控制可能存在的互为因果关系，本研究将每个城市该年相对绩效与次年政府工作报告环境治理注意力聚焦水平相匹配。

3. 相对绩效、向上嵌入与城市环境治理注意力权衡——基于似不相关回归模型的分析

针对第二个研究问题，即相对绩效和向上嵌入对城市环境治理注意力权衡的影响，本研究旨在回答在有限的注意力空间中，相对绩效和向上嵌入如何影响城市主政官员在环境治理与政治建设、经济建设、社会建设和文化建设等议题之间的权衡取舍这个问题。为此，需要解决两个关键性难题：一是如何测度环境治理注意力与其他政策议题注意力的权衡程度。二是方程之间的高度相关性问题。由于注意力空间是固定的，政府对各政策议题注意力聚焦水平总和必定为100%。因此，一个政策议题注意力聚焦水平的增高（降低）将导致其他政策议题注意力聚焦水平的降低（增高）。在这种情况下，如果单独估计每个方程，对一个方程的高估将导致对另一个方程的低估（Adolph et al.，2020）。

本研究在借鉴相关研究（Adolph et al.，2020；Philips et

al.，2016；Lipsmeyer et al.，2019；Yu et al.，2019）的基础上，采用了各政策议题注意力聚焦水平比率对数和似不相关回归模型来解决上述难题。

（1）利用比率对数来衡量政策议题注意力权衡

注意力权衡是一个重要指标，研究者早已意识到了议题权衡的重要性，但缺少更好的测量方法。（陶鹏，2019）由于财政支出资源的有限性，财政学研究者早已关注到财政支出项目之间的权衡，并长期研究如何测量这种权衡。因此，我们可以借鉴财政支出项目之间权衡的测量方法来衡量政策议题之间的注意力权衡。

Garand et al.（1991）利用1948年至1984年美国各州的财政支出数据研究了美国各州的财政支出权衡。他们采用以下方式来衡量各支出项目之间是否存在权衡：首先，将各支出项目除以总预算支出得到各项目的支出份额，为此，他们将财政支出项目划分为交通、教育、社会福利和医疗卫生四个类别。其次，利用每个州的时间序列数据，在控制其他外生变量的基础上，分别回归分析每类支出份额与其他三类支出项目份额的关系，如果回归系数为负，表明该两个支出项目间存在权衡关系。

Berry等人对这种方法提出了批评，主要包括两个方面：首先，显著的负向关系并不代表存在权衡。Berry（1986）通过数据模拟表明，由于方程之间存在结构性关系，即使支出项目之间不存在权衡关系，回归系数也可能呈负值。其次，在该种方法下，控制外生变量缺乏理论意义。在这种方程模型中，外生变量系数表示外生变量对支出项目份额的影响，而不是对支出项目间权衡的影响。因此，在这种模型下，无法分析影响支出项目之间权衡的影响因素。（Berry & David Lowery，1990）

为此，Berry（1990）提出了一种衡量财政支出权衡的替代方法。该方法的基本思想是以 A、B 两个项目对资金池瓜分的比重来衡量竞争程度。通过该方法，学者分别对美国联邦（Berry & David Lowery，1990）和各州政府支出项目间的竞争权衡进行了分析检验（Nicholson-Crotty et al.，2006）。赖诗攀（2020）利用该方法衡量了城市路桥与排水支出的竞争。然而，该方法的一个缺点是认为仅有两个项目在某资金池中竞争，而其他支出项目独立于这两个项目，不参与支出权衡。这种仅关注两个项目之间的权衡的方法导致无法考虑其他项目之间潜在的权衡，也不涉及第三方。（Berry & David Lowery，1990；Yu et al.，2019）但在实际情况中，竞争可能不仅仅发生在两个项目之间，还可能涉及其他项目之间的竞争。例如，在考虑经济发展与环境治理支出的权衡时，假定政治建设、社会建设等其他议题与这两者独立。但这种假设可能并不符合政府决策的实际情况。（Adolph et al.，2020）当政府试图增加环境治理支出时，可能会将额外的支出分摊到其他政策议题的支出中，而分摊的比重则取决于其他政策议题之间的重要性排序。

由于多个项目支出之和占总支出的 100%，因此项目支出数据实际上构成了一种成分数据。（Aitchison，1982）在此基础之上，Philips（2016）利用财政支出项目占比间的对数比来衡量多个项目之间的权衡。利用此方法，学者对美国联邦和州政府支出项目间的权衡进行了衡量（Philips et al.，2016；Lipsmeyer et al.，2019；Yu et al.，2019；Adolph et al.，2020）。相比其他方法，这种方法允许研究人员在整个预算空间下，同时研究多个财政支出类别之间的竞争权衡关系 (Yu et al.，2019)。而且由于比率对数取值不再限于 0 至 1，可以更便捷地利用普通最小二乘法进行估计。（Adolph et al.，2020）

在注意力空间有限的情况下，政府在各政策议题上的注意力聚焦水平之和也等于100%，属于典型的成分数据。(Aitchison，1982）因此，可以借鉴财政支出权衡的做法（Philips et al.，2016；Lipsmeyer et al.，2019；Yu et al.，2019；Adolph et al.，2020），利用比率对数来测度各政策议题间的权衡。为此，本研究以环境治理为参考基准，利用如下公式（见式1.1），用环境治理注意力聚焦水平分别除以政治建设、经济建设、社会建设和文化建设注意力聚焦水平，然后取自然对数，得到环境治理与政治建设、经济建设、社会建设和文化建设的注意力权衡程度。

$$y_{kit} = ln\left(\frac{w_{Eit}}{w_{kit}}\right) \qquad （式1.1）$$

其中，y_{kit} 表示环境治理议题与其他议题之间的权衡，该数值越大表示城市注意力分配越倾向于环境治理，w_{Eit} 表示环境治理注意力聚焦水平，w_{kit} 分别表示经济建设、政治建设、社会建设和文化建设注意力的聚焦水平。

（2）利用“似不相关回归模型”进行实证检验

在过往对权衡进行计量实证分析时，通常仅关注两个项目之间的权衡关系，假定其他项目严格独立于这两者（Berry & David Lowery，1990；Yu et al.，2019），从而采用单一方程估计法进行实证检验。然而，在固定的政府注意力空间内，各政策议题间存在高度依赖的关系，因此一个方程的高估必然会导致另一个方程的低估，使得方程间存在高度的负相关，违背了方程间的独立性假设。（Adolph et al.，2020）若忽视不同方程之间的高度相关性，独立地对各个方程进行实证检验，则将无

法利用数据中的所有信息，导致估计效率低下。（Aitchison，1982）

为此，本研究遵循已有相关研究的建议（Jackson，2002；Mikhailov，Niemi，& Weimer，2002a，2002b），利用“似不相关回归模型”（Seemingly Unrelated Regressions Model，SUR）这种简洁而更有效的回归模型 (Tomz et al.，2002)，在充分考虑方程间残差相关的情况下，同时对多个方程进行估计，以更准确、有效地估计相对绩效和向上嵌入对城市环境治理与其他政策议题间注意力权衡的影响。

第二章

城市政府注意力分配：测量与基本状况

本章的主要目的在于测量城市政府的注意力分配情况，为后续的实证分析提供数据基础。因此，本章首先介绍了所采用的数据和方法，并验证了利用 LDA 模型对中央、省级、市级三级政府工作报告进行分析的结果。最后，基于 LDA 模型输出结果，对城市政府在各政策议题上的注意力分配情况进行了分析，并重点对环境治理注意力在时间和空间上的分布进行了单独考察。结果显示，利用 LDA 模型对政府工作报告进行分析能够较好地反映政府的治理行为。近年来，城市政府环境治理注意力显著提升，但各城市之间存在着较大差异。这些差异难以仅通过当地环境污染水平来解释，可能还涉及其他体制机制因素。

第一节　城市政府注意力分配测量

一、数据来源

在国外研究中，对政府注意力的衡量主要依赖于鲍姆加特纳和琼斯等人主导设计的比较议程项目。（Baumgartner，Green-Pedersen，& Jones，2006）然而，该项目数据集目前主要涵盖西方主要发达国家。（Brasil，Capella，& Fagan，2020）此外，该项目基于事先规定好的类别来划分政策投入和产出，代入了大量的先验信息。随着计算机语言学的发展，学者们逐渐摆脱对比较议程项目数据的依赖，开始使用议会、内阁和政治家演讲等多样化数据来衡量政府注意力分配情况。（Jennings，

Bevan，Timmermans，et al.，2011；Jennings，Bevan，& John，2011；Breeman et al.，2009；Bevan & Jennings，2014）

在有关政府注意力的实证研究中，政策文件、领导批示、政府工作报告等文本数据也经常被用来测量政府的注意力。一是政策文本。它常被用来测量政府在某一特定政策领域的注意力（秦浩，2020；郭高晶和孟溦，2018；王长征等，2020），但难以衡量政府在整个政策议程空间的注意力分配。二是领导批示。在政治运作过程中，批示是各级领导工作的重要方式。尽管领导批示并不代表正式决策，但通常提示了某些人员或部门注意解决哪些问题，或者要求提出处理建议和进一步的情况，或者对提出的建议表示意见等（胡乔木，1993），反映了各级领导对于议题的紧急程度和优先级的判断。例如，陈思丞和孟庆国（2016）利用《毛泽东年谱（1949—1979）》中的2614段批示衡量了毛泽东的注意力配置情况。陶鹏和初春（2020）通过搜索包含批示的新闻，结合比较议程项目编码系统和监督学习法，衡量了总理、省长和市长三级政府领导的注意力。然而，领导批示（尤其是在任领导人的批示）获取成本较高（Yan et al.，2022），而且难以通过公共渠道收集到所有书面指令，从而使得依据公开批示数据所得出的检验结果及理论构建具有情境条件性（陶鹏和初春，2020）。三是政府工作报告。政府工作报告是各级政府的年度工作报告，也是指导政策实施的政策议程文件。因此，政府工作报告被普遍认为是了解各级政府政策重点的重要线索来源。（Wang，2017；Shi et al.，2019）例如，文宏（2014）以国务院向全国人大做的政府工作报告（1954—2013）为分析文本，采用字典列表法分析了国务院对基本公共服务的注意力配置情况。王印红和李萌竹（2017）则利用30个省、市地方政府自2006年到2015年的300份政府工作报告，采用字典列表法归纳了地方政府生态环境治理注意力的变化规律。

考虑到本研究关注的问题不仅涉及政府注意力聚焦，还包括政府注意力在各政策议题间的权衡，政府工作报告作为政府年度工作总结和指导来年政策实施的纲领性文件，具有重要意义。这些报告不仅为我们勾勒了政府在环境治理领域的聚焦情况，还为我们刻画了政府在整个政策议程空间中的注意力权衡情况，为我们探究政府注意力在各政策议题间权衡提供了重要的数据支撑。基于此，本研究选择政府工作报告作为城市注意力测量的主要数据来源。

为了收集这些数据，笔者历时三个多月，利用政府门户网站、网络搜索引擎、各地方年鉴等渠道，手动收集整理了2005年至2019年间国务院、省级政府、地市级政府共4864份政府工作报告，建立了较为完整的国务院、省级、市级三级政府工作报告数据库（数据样例见图2.1）。

	province	city	year	raw_report	level
24	云南	临沧	2005	各位代表：\n我代表市人民政府，向大会作工作报告，请予审议，并请市政协委员提出意见。\n...	3
25	云南	临沧	2006	各位代表：\n我代表市人民政府，向大会作工作报告，同时提交《临沧市国民经济和社会发展第十一...	3
26	云南	临沧	2007	各位代表：\n我代表市人民政府，向大会作政府工作报告，请予审议，并请市政协委员提出意见。...	3
27	云南	临沧	2008	各位代表、各位同志：\n我代表市人民政府，向大会作政府工作报告，请市人大代表予以审议，并请...	3
28	云南	临沧	2009	各位代表：\n\n　现在，我代表第一届市人民政府，向大会作政府工作报告，请予审查，并请市政...	3
...	...	...	...	...	...
5770	黑龙江	齐齐哈尔	2015	各位代表：\n　现在，我代表市人民政府，向大会作工作报告，请予审议，并请各位政协委员提出...	3
5771	黑龙江	齐齐哈尔	2016	各位代表：\n 现在，我代表市人民政府，向大会报告工作，请予审议，并请各位政协委员提...	3
5772	黑龙江	齐齐哈尔	2017	各位代表：\n　现在，我代表市十五届人民政府，向大会报告过去五年的工作，对今后五年及201...	3
5773	黑龙江	齐齐哈尔	2018	各位代表：\n　现在，我代表市人民政府，向大会报告工作，请予审议，并请各位政协委员提出意见...	3
5774	黑龙江	齐齐哈尔	2019	各位代表：\n　现在，我代表市人民政府向大会报告工作，请予审议，并请市政协委员提出意见。\...	3

图2.1 地级市以上城市政府工作报告数据库示例

二、文本主题提取方法和程序

注意力测量的方法包括内容分析法、问卷测量法和案例分析法。其中，内容分析法在政府注意力研究文献中普遍使用。（陶鹏，2019）本研究也选择了内容分析法，利用政府工作报告中各主题概率比来测度政府的注意力。具体而言，本研究采用了主题建模（Topic Modeling，TM）的方法来处理文本资料。正如前文研究方法部分所述，深度阅读法与人工编码需要耗费大量人力和时间，难以处理大规模文本资料。虽然字典列表法在处理大规模文本资料方面比较方便，但建立和维护列表也需要大量人力和试错成本，此外，在缺乏上下文语境的情况下，单一词语的意义往往模糊不清，导致字典列表法仅适用于具有显著特征的类别识别，无法综合分析多个主题类别。以“环境”一词为例，在缺乏上下文语境的情况下，难以明确该词所代表的主题类别。当“环境”与“污染”相连的时候，该词应被分在“环境治理”主题中，但与“监管”相关联的时候，该词更可能被划分到“规制”主题中，而当与“营商”相连时，则可能与行政审批改革主题相关，也可能与经济发展相关，这取决于上下文背景。而字典列表法完全不考虑词与上下文语境之间的关联，类别划分较为粗糙，可靠性较低。此外，人工在对大量文本资料进行编码时所具有的主观性和无意的编码偏差，使人工编码法和以人工编码为辅助的监督机器学习法的可靠性和可复制性难以保证。（Quinn et al.，2010）举例来说，尽管都研究了美国国会议程中大致相同的领域，但相关研究的主题类别列表（John，2006；Clausen，1973；Lee，2006；Katznelson & Lapinski，2006；Rohde，Ornstein，& Peabody，1985 和 Heitschusen & Young，2006）几乎没有重叠（Quinn et al.，2010）。

主题建模在本研究中具有重要的价值。首先，它可以降低处理大规模文本资料的成本；其次，更为重要的是，它无须事先确定主题类别和编码规则。中国具有与其他国家不同的特色政治系统和话语体系，而且这个政治系统正处于快速现代化进程中。比较议程项目等现有主题类别划分并不一定完全适合于中国的制度背景。例如，学习贯彻中央精神将是各级政府关注的重要内容。主题模型作为一个机器学习算法模型，其基本原理是清晰且自动化，主要从文本数据中归纳生成而非事前定义识别主题类别，通过上下文关系来识别词语和短语。这些优势使得主题模型满足了可靠且可复制的文本分析的基本条件。（DiMaggio，Nag，& Blei，2013）相对于人工编码和以人工编码为辅助的监督学习方法通常将70%~90%作为可靠性经验标准，无监督主题模型是完全可以复制的，其可靠性达到100%。（Quinn et al.，2010）政治学相关研究已经表明，主题建模能够产生一致且具有实质性意义的结果，在中外政府的注意力研究中都得到了广泛应用（Miller，2013；Calvo - Gonzάlez，Eizmendi，& Reyes，2018；Yan et al.，2022；Meng & Ziteng Fan，2022）。

（一）LDA 模型

本研究采用 LDA 模型对非结构化的文本数据进行降维，以提取出政府的注意力分配情况。

LDA 模型由 Blei 等人提出，是一种基于“词袋”(bag of words) 模型的无监督算法。（Blei et al.，2003）该模型认为每篇文档都可以表示为特定主题的概率分布，而每个主题又可以表示为词的概率分布。 例如，语料库中的 M 文档，包含 N 个词汇表中的单词，该文档可以表示为这些单词的无序集合：{w_1,

w_2, …，w_n}。LDA 模型假设该文档是由 K 个潜在主题所生成的。在每个文档中，每个词 w_i 都与潜在变量 $z_i \in \{1,\ldots,K\}$ 相联系，该潜在变量代表该词 w_i 从中生成的主题。该词 w_i 的概率可以用如下公式表达（见式 2.1）：

$$P(w_i) = \sum_{j=1}^{K} P\,(w_i|z_i = j)P(z_i = j) \qquad (式2.1)$$

其中，$P(w_i|z_i = j) = \beta_{ij}$ 代表词 w_i 在主题 j 中的概率，而 $P(z_i = j) = \theta_j$ 代表主题 j 在文档中的概率分布。

因此，LDA 模型认为文档的生成可分为两个过程：一是主题生成过程。在该过程中，首先从参数为 α 的 Dirichlet 先验分布中采样得到一篇文档的主题概率分布 θ，且 $\theta \sim P(\theta|\alpha)$；然后从主题分布 θ 中采样一个主题 z，且 $z \sim P(z|\theta)$。二是词的生成过程。在该过程中，首先从参数为 β 的 Dirichlet 先验分布中采样得到这一主题的词分布 φ，然后在这个主题的词分布 Φ 中抽样得到词 w，且 $w \sim P(w|z,\varphi)$。具体可以用图 2.2 表示。

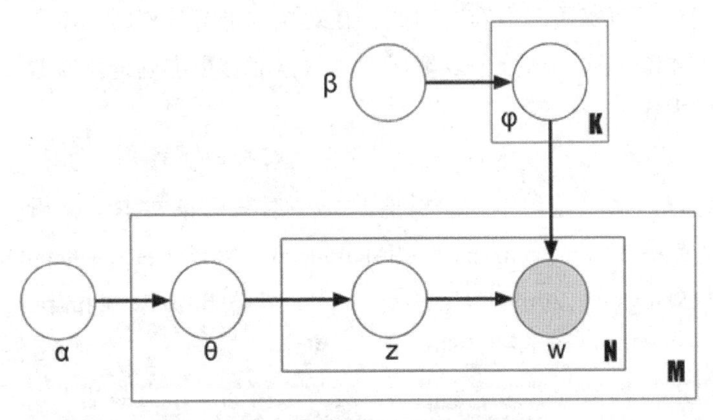

图 2.2 LDA 模型下的文档生成过程

（二）数据分析过程

本研究基于以下分析流程来利用LDA模型提取主题（见图2.3）：

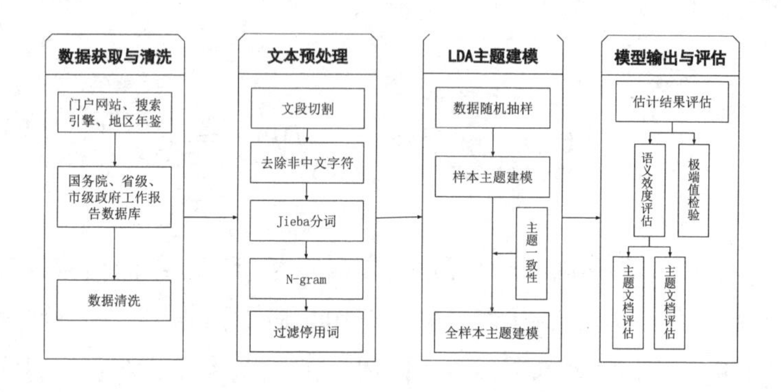

图2.3 利用LDA模型提取主题的流程

第一步，数据清洗。政府工作报告作为政府向同级人大报告年度工作的法定文件，具有较强的格式规范。例如，各地区政府工作报告第一部分基本包含类似于“各位代表：现在，我代表市人民政府，向大会报告工作，请予审议，并请市政协委员和其他列席人员提出意见”的程式话语，但这些话语通常不包含任何实质性内容。因此，在对文本进行处理时，本研究首先删除了这一部分，以确保文本数据能够更准确地反映政策实质内容。

第二步，文本预处理。首先，对政府工作报告进行分段处理。借鉴政治学与公共管理学中对长政策文本的分析策略（Hurrelmann，Zuzana Krell-Laluhová，Nullmeier，Schneider，& Wiesner，2009；Wueest，Clematide，Bünzli，Laupper，& Frey，2011；Gilardi，Shipan，& Wüest，2021），本研究将政府工作报告分割为单个段落。这一策略的采用主要基于以下原因：一份政府工作报告通常涉及多个主题，但段落通常作为基本的结构元素，具有一致和较为单一的主题。例如，在一份政府工作报告中，可以涉及经济发展、城乡建设、社会保障、环境保护、政府自身建设等的多个主题，但每个段落常常仅涉及其中的一个主题。通过将政府工作报告分割成段，使每个段落更加集中在一个主题上，能使LDA模型得到更准确的主题。（Jiang et al.，2019）通过分段处理后，我们最终得到了一个包含211615篇文档（平均字数约319个）的语料库。其次，去除数字、英文和标点符号等非中文字符，然后利用jieba分词模块进行分词处理。由于汉语不像许多印欧语系采用空格分离，因此需要先对文本进行分词处理。本研究采用jieba分词模块来对语料库进行分词处理。Jieba分词模块使用最大概率分割模型和隐马尔科夫模型（HMM）来进行分词，能够结合现有中文词汇字典，并从文本中学习新词，同时允许添加政治领域专用词语和短语自定义词典来提高政治文本分词的准确性。这使jieba分词模块被广泛运用于政治文本的分割。（Yan et al.，2022；Jiang et al.，2019）为进一步提高分词的准确性，本研究还构建了自定义词典，包括省、市、县、乡、村五级行政区划名，也包含了由清华大学自然语言处理与社会人文计算实验室整理出的一套高质量的中文词库，该词库来自主流网站的社会标签、搜索热词、输入法词库等。本研究纳入了其中的财经、成语、地名、法律、历史人物等数据库 。与此同时，考虑到政治系统话语的独特性，本研究还纳入了搜狗细胞词库中“社会主义革命和社会主义建设词汇”“党政机关及企事业单位文秘人员通用词库”，以及包含“中央八项规定”“不收手不收敛”“三严三实”等具有特色的政治词语和短语。再构建二三元词组。LDA模型主要通过提取出现频率较高的关键词来提取主题。但有时候孤立的单词难以获取有价值的信息。因此，本研究采用 N-gram 模型，在概率统计的基础上得出二三元词组，使 LDA 模型能够以核心单词和核心词组为分析对象，提高主题关键词的语义清晰度和实际分析价值。最后，对停用词进行过滤。具体在将业界常用的“中文停用词表”“百度停用词表”“哈工大停用词表”和“四川大学机器学习实验室停用词表”合并去重的基础上，加入“我国”“我省”“我市”“我区”“全国”“全省”“全市”“全区”“一是”“二是”“三是”“第一”“第二”“第三”“进一步”等政府公文常见但并不提供实际意义的词语，构建了中文停用词表。

第三步，利用 LDA 模型提取主题。在这一步骤中，需要设定三个参数：α、β 和主题数量 K。其中，对于主题数量 K 的选择尤为重要。首先，选定的主题数量必须具有概念性和实质性，即所提取的主题必须具有实质含义。同时，主题数量也必须满足两个形式上的要求：一方面，主题数量 K 应该足够大，以便产生可解释的主题类别，避免出现过度聚类的情况。例如，应该生成“教育”“医疗卫生”等具体主题，而非过于宽泛的“公共服务”主题。另一方面，主题数量 K 也应该足够小，以便进行实际应用和分析。例如，将教育分为“小学教育”“中学教育”和“职业教育”等过于细化的主题可能导致分析困难。

本研究采用了试错法，通过一致性得分和对主题仔细阅读的比较，从政府工作报告中提取了 30 个主题。具体操作如下：

首先，分别将 α 设置为 symmetric、asymmetric、auto、0.01、0.1、0.3、0.6、0.9，将 β 设置为 symmetric、auto、0.01、0.1、0.3、0.6、0.9，将主题数量 K 设置为 5、10、15、20、25、30、35、40、50、70、100。分别输入这些参数的不同组合，共产生 616 个估计结果。

随后，通过比较不同主题数量 K 值所生成的主题模型的一致性得分（Coherence Score）来对这 616 个主题模型进行评估。目前，学者通常采用“困惑度”（perplexity value）或“一致性得分”来评估主题模型估计结果。困惑度衡量了主题模型的泛化能力，主题困惑度越低，表明主题模型的泛化能力越强，其预测效果就越好。然而，本研究估计模型的目的并非预测，而是对模型生成的主题进行解释。现有研究发现，困惑度在解释模型估计结果时价值有限，甚至与主题质量呈负相关。相比之下，一致性得分则可用来评估主题的可解释性。Both 和 Hinneburg 的研究发现，Cv 算法计算的一致性与人类可解释性最相符。（Röder，Both，& Hinneburg，2015）通常情况下，一个合适的 K 值往往标志着一致性得分快速且连续增长的结束，这时的 K 值通常会输出有意义和可解释的文本主题。

图 2.4 列出了不同主题数量下主题模型的一致性得分，从图中可以看到，当主题数量等于 30 时，不仅是一致性得分快速增长的结束，而且也是一致性得分的较高点。因此，本研究选择了 α 为 0.1，β 等于 0.9 以及主题数量 K 为 30 的模型。

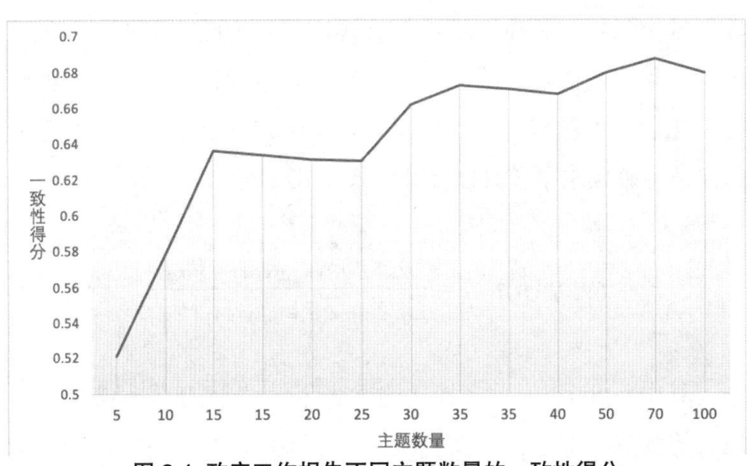

图 2.4 政府工作报告不同主题数量的一致性得分

同样，虽然主题数量为 15 的模型一致性得分较低，但是是一致性得分快速且连续增长的结束。本研究在以主题数量 30 为基准模型的基础上，将主题数量 15 用于稳健性检验，以验证本研究主要结论对主题数量选择的稳健性。

（三）政府注意力在各政策议题上注意力聚焦水平的计算

在借鉴齐亚双等人的研究的基础上，本研究利用主题流行度来测度政府在每个主题上的注意力分配。（Qi，Zhu，Zhai，& Ding，2018）主题流行度通过 d 文档的主题比例 θ_d 来计算。对于每一主题 j，其主题流行度 $Pop(j)$ 可以通过汇总 $\theta_{(d,j)}$ 来计算。各主题每年的主题流行度即为该年所有文档的主题比例 θ_d 的总和。

$$Pop(j) = \sum_{d} \theta_{d,j} \qquad \text{（式2.2）}$$

由于各城市每年政府工作报告被切分的段落数量不同，导致各城市每年主题流行度难以直接比较。为此，本研究将各城市每年某主题流行度除以该市该年所有主题流行度之和，得到归一化后的主题流行度，从而得到该年该城市政府在某主题上的注意力聚焦水平。具体计算公式见式 2.3：

$$NPop(j,g,t) = \frac{\sum_{d|pc(d)=g,py(d)=t} \theta_{d,j}}{\sum_{j} \sum_{d|pc(d)=g,py(d)=t} \theta_{d,j}} \qquad \text{（式2.3）}$$

其中，$py(d)$ 表示文档 d 的发表年份，$pc(d)$ 代表文档 d 所发表的城市。

三、文本主题估计结果评估

由于本研究采用无监督主题模型进行估计，因此有必要对结果进行验证，以确保该模型能够检测到所用语料库中一致而有用的潜在特征。阅读主题关键词和最大概率属于某类主题的文档，是评估内容分析结果语义效度的有效方法。（Krippendorff，2018）

（一）语义效度检验

语义效度（Semantic Validity）是对主题本身及其关系的测量，即每个主题或文件具有一致意义的程度。（Quinn et al.，2010）

1. 关键词评估

对主题关键词的评价可从两个维度进行：一是关键词主题概率。该概率描述了某一关键词属于某一主题的概率分布，该概率越高，表明该关键词越可能属于该主题。该概率由 LDA 模型通过变分贝叶斯方法估计得出，反映了某主题常见的词汇。二是主题词关联度。仅凭关键词主题概率存在一定的问题，因为在语料库中常见的词汇也可能是所有主题的常见词汇。为此，本研究还利用 Sievert & Shirley （2014）提出的主题词关联度（Relevance）来进一步对关键词进行评估。主题词关联度不仅考虑了关键词归属某一主题的概率，而且考虑了关键词在整个语料库中的分布。其计算公式见（式 2.4）：

$$r(w,k|\lambda)=\lambda log(\varphi_{kw})+(1-\lambda)log\left(\frac{\varphi_{kw}}{p_w}\right) \quad （式 2.4）$$

其中，φ_{kw} 代表关键词 $w\in\{1,\ldots,V\}$ 属于某一主题 $k\in\{1,\ldots,K\}$ 的概率，V 代表词汇表中的关键词，p_w 表示关

键词在语料库中的边际概率。λ 决定了主题词在主题中概率与其在语料库中的消散度(Lift)之间的权重。消散度由 Taddy 提出，具体是指主题词属于某一主题的概率与其在整个语料库中边际概率之比。（Taddy，2012）

当 λ=1 时，关联度就等于由 LDA 模型估计出来的主题概率；当 λ=0 时，相关性等于主题词在语料库中的消散度。 Sievert & Shirley（2014）等人通过实验发现，当 λ=0.6 时，主题词是最有解释力的。 依据 Sievert & Shirley（2014）建议，本研究的 λ 也取值为 0.6。

表 2.1 列举了 LDA 模型输出的政府工作报告的主题及其关键词，其中列 1 列举了关键词主题概率排名前 5 的关键词，列 2 列举了关联度排名前 5 的关键词。首先从主题上看，政府工作报告主要关注了体制改革、精神文明建设、融资金融、对外贸易、文化发展、政府作风建设、医疗卫生、招商引资、价格调控、旅游发展、城市规划、城市建设、环境治理、宏观经济、项目建设、服务业、经济战略、社会保障、政务服务、教育、产业升级、科技人才、农村建设、基础设施、社会管理、依法行政等主要经济类、社会民生类和政府管理类议题。其次从主题所对应的关键词来看，无论从关键词主题概率角度，还是从主题关联度角度，主题词之间都有较高的内在一致性。从模型的关键词来看，LDA 模型生成了具有实质性内容且具有一致性的主题。

2. 主题文档评估

LDA 模型估计了每篇文档的主题概率分布。我们可以通过查看主题概率分布最高的文档，来了解主题分布与文档主题的一致性。

表 2.1 基于 LDA 模型的政府工作报告主题建模结果

主题命名	列 1 主题概率 Top5	列 2 主题关联度 Top5
体制改革	改革，深化，制度，机制，体制改革	改革，深化，体制，国有企业，体制改革
精神文明	深入开展，社会主义，教育，素质，精神	社会主义，素质，广泛开展，弘扬，精神
发展困境	困难，压力，经济，矛盾，差距	困难，压力，差距，矛盾，影响
融资金融	企业，融资，金融，资金，中小企业	融资，企业，金融，中小企业，民营企业
区域合作	国家，国际，基地，城市，交流	国际，跨境，交流，国家，试验区
文化事业	文化产业，荣获，国家，城市，称号	文化产业，称号，艺术，博物馆，文化站
农业发展	农业，农产品，农民，龙头企业，现代农业	农业，农产品，现代农业，龙头企业，畜牧业
发展成绩	进展，去年，基本建设，工作进展，初步成效	进展，基本建设，工作进展，初步成效，有所改善
作风建设	政府，工作，群众，作风，责任	政府，作风，群众，责任，工作作风
医疗卫生	工作，医疗，水平，医疗卫生，服务	医疗卫生，工作，医疗，公共卫生，卫生
经济开放	招商引资，企业，出口，对外开放，项目	招商引资，出口，对外开放，利用外资，进出口
宏观调控	调控，价格，物价，供应，生产	调控，价格，供应，物价，商品房
旅游发展	旅游，景区，旅游业，游客，品牌	旅游，景区，旅游业，游客，冰雪
城镇化	城市，规划，特色，城镇化，功能	规划，城镇化，城市，功能，区域

续表

主题命名	列 1 主题概率 Top5	列 2 主题关联度 Top5
城市建设	城市，道路，绿化，管理，供热	城市，道路，供热，绿化，供水
环境治理	生态，污染，环保，环境保护，绿色	生态，污染，环境保护，环保，生态环境
宏观经济	生产总值，社会，投资，年均，固定资产	生产总值，年均，固定资产，消费品零售总额，社会
政治陈述	代表，领导，省委省政府市委，市委领导，成绩	代表，领导，省委省政府市委，市委领导，各族人民
项目建设	项目，投资，资金，重点项目，重大项目	项目，投资，重点项目，重大项目，资金
第三产业	服务业，消费，物流，服务，商贸	服务业，消费，物流，商贸，电子商务
发展目标	经济，工作，经济社会，战略，机遇	经济，经济社会，机遇，战略，贯彻落实
社会保障	城乡，农村，城乡居民，救助，困难	救助，社会保障，城乡居民，补贴，养老
政务服务	政府，服务，事项，改革，公共服务	服务，政府，公共服务，政府职能，流程
产业升级	产业，企业，项目，重点，园区	产业，企业，园区，集群，装备
教育	教育，学校，义务教育，中小学，办学	教育，学校，义务教育，中小学，办学
科技创新	科技，人才，企业，技术，高新技术	科技，人才，技术，科技成果，研发
扶贫	农村，乡村，攻坚，精准，贫困人口	农村，乡村，精准，贫困人口，扶贫开发
基础设施	公路，高速公路，水库，基础设施，电网	公路，高速公路，水库，电网，输变电

续表

主题命名	列 1	列 2
	主题概率 Top5	主题关联度 Top5
社会安全	社会，群众，工作，管理，机制，监管	社会，社会治安，信访工作，事故，安全感
民主法治	政府，工作，监督，依法行政，依法	依法行政，监督，政府，决策，法治

本研究主要关注政府环境治理的注意力分配。其中，主题 15 反映了政府在工作报告中对环境治理的关注程度。以下是代表性的“主题 15”文档（出自《云南省红河哈尼族彝族自治州 2018 年政府工作报告》）：

（六）坚定不移抓生态文明建设。全力打好污染防治攻坚战，持续提升群众生态获得感。持续推进森林红河建设。完成生态红线划定，加强大围山、分水岭、黄连山等国家级自然保护区和哈尼梯田、异龙湖、长桥海等国家湿地公园保护和管理。着力实施新一轮退耕还林、防护林、石漠化治理、森林抚育、低效林改造等生态建设工程，不断加大面山绿化、通道绿化力度，力争完成营造林 50 万亩、城市面山和通道绿化 10 万亩。全面加强环境污染防治。实行最严格的环境保护制度，持续推进中央和省环境保护督察反馈问题整改；深入实施《水污染防治行动计划》，全面落实河长制，强化县级以上城市集中式饮用水水源管理，确保异龙湖水质如期摘除劣Ⅴ类帽子；扎实实施国务院大气污染防治十条措施，实施新一轮大气污染治理行动，持续抓实个开蒙地区大气污染联防联治及蒙自地区扬尘治理，

> 力争蒙自环境空气质量优良率达97.2%以上；全面实施《土壤污染防治行动计划》，推进个旧南北选矿试验示范工业园区等“五大工程”建设，力争治理水土流失480平方公里。积极推进低碳绿色发展。强化重点企业和行业污染防治，推进节能减排重点项目建设；大力发展绿色经济，深入实施能源、资源消耗、建设用地等总量和强度双控行动；引导落后产能有序退出，推进集约节约使用土地和水资源；严格建设项目环境准入和节能评估审查，落实污染减排目标责任制，坚决依法处罚、关停排放不达标和违法偷排企业。

从代表段落可以看出，文档内容主要涉及云南省红河哈尼族彝族自治州政府对未来生态文明建设工作的安排和部署，这表明在该参数设置下的LDA模型能够在环境治理主题上识别出一个清晰且高度一致的主题。

（二）极端值检验

本研究不仅要求LDA模型准确识别政府工作报告中各段落的所属主题，还希望准确衡量该主题在文档中的比重。因此，本研究对模型生成的极端值进行检查，以确定这些极端值是否能正确反映环境治理主题在政府工作报告中的分布。

通过对各城市环境治理注意力分配的描述发现，城市政府工作报告对环境治理关注度均值为4.73%，最小值是0，最大值为17.16%。其中有3份政府工作报告对环境治理的关注度近乎等于0，分别是安徽省宿州市2005年政府工作报告、广东省河源市2005年政府工作报告和黑龙江省鸡西市2010年政府工作报告。经过仔细阅读，发现这3份政府工作报告不仅没有直接提及环境治理，而且零星提及的相关内容也很少。例如，广东省河源市 2005 年政府工作报告中并没有单独介绍河源市环境治理状况，可能与环境治理相关的内容仅限于“治理水土流失 11 平方公里”“市区和连平县城污水处理厂进入调试阶段”。同样，在宿州市 2005 年政府工作报告中，对 2004 年的回顾主要围绕着“着力培育发展后劲”“持续扩大对外开放”“加速推进城市建设”“全面发展农村经济”“统筹经济社会协调发展”“切实加强政府自身建设”进行，而对 2005 年的工作安排主要围绕“全面实施 '6 + 3' 工程”“坚持不懈地推进项目建设”“全力以赴抓好招商引资”“加快提升城市发展水平”“坚定不移地抓好农村经济结构调整”“深化以市场为取向的各项改革”“加大就业和社会保障力度”“加强民主法治建设”“妥善解决好关系群众切身利益的问题”“转变职能，优化服务，切实增强政府行政能力”等方面，都未提及环境治理。

在鸡西市 2010 年政府工作报告中，回顾部分主要涵盖了“有效应对金融危机，经济保持平稳较快发展”“加快推进大项目建设，固定资产投资规模不断扩大”“深化改革扩大开放，发展活力进一步增强”“加大基础设施建设力度，城乡环境发生较大变化”“竭力保障和改善民生，社会各项事业全面进步”“加强民主法治建设，社会更加和谐稳定”等方面。而对来年工作安排则主要注重于“增强发展后劲，在大项目建设上实现新突破”“突出提速增效，在壮大工业经济上实现新突破”“夯实‘三农’基础，在产业化经营上实现新突破”“繁荣第三产业，在旅游业发展上实现新突破”“扩大对外开放，在口岸经济上实现新突破”“构筑互动合力，在区域协调发展上实现新突破”“改造开发并举，推动城市建设上水平”“惠及民生为本，推动社会各项事业上水平”“强化监管措施，推动安全稳定工作上水平”“改进工作作风，推动政府自身建设上水平”上，并未涉及环境治理的回顾和工作安排。

而对环境治理关注度最高的是黑龙江省齐齐哈尔市 2019 年政府工作报告，LDA 模型测得该份政府工作报告的环境治理注意力聚焦水平为 17.16%。仔细阅读该份政府工作报告发现，在 2018 年成绩回顾中，直接与环境治理有关的篇幅占比为 16.95%（498/2938）。而 2019 年的工作安排部分则从“打赢蓝天保卫战”“打好碧水保卫战”“推进净土保卫战”“实施区域环境综合治理”“强化生态环境保护”五个方面阐述了齐齐哈尔市政府在环境治理上的工作安排。这使得工作安排部分直接与环境治理相关的内容占比约为 15.34%（1327/8649）。因此，齐齐哈尔市该年政府工作报告中直接与环境治理相关的内容占比约为 15.75%。此外，其他部分如“持续推进城市环境整治工程”“持续推进农村人居环境整治工程”等也包含了一些与环境治理相关的内容。例如“着力推进农村垃圾污水处理”“多渠道建立污水粪污处理长效机制”“建立完善村屯环境治理长效机制”等。因此，LDA 模型对齐齐哈尔市政府工作报告中环境治理聚焦水平的测量也相对较为准确。

综上所述，通过将 LDA 模型测得的最小值和最大值等极端值与政府工作报告进行人工比对，我们发现即使在政府工作报告中存在较为偏离中间值的极端情况下，LDA 模型也能够相对准确地测量政府工作报告对环境治理的关注度。

第二节　城市政府注意力分配基本状况

一、城市政府注意力在各政策议题上的分布状况

（一）城市政府注意力分布基本状况

图 2.5 展示了 30 个主题模型中各主题在地级以上城市政府工作报告中的分布情况。从图中可以观察到，在地级以上城市政府工作报告中，“发展目标”和“产业升级”的占比都比较大，分别为6.7%和6.1%。“宏观经济”和“社会保障”占比分别是5.0%和 5.3%。而处于 4%~5% 之间的主题包括“作风建设”“农业发展”“环境治理”“城市建设”“城镇化”等。主题占比超过 3% 的主题包括“融资金融”“体制改革”“民主法治”“社会管理”“扶贫”“政务服务”“项目建设”“政治陈述”等。在这些主题中，“发展目标”“产业升级”“宏观经济”“城市建设”“城镇化”“项目建设”等与经济建设有关，突显了“经济建设”是地级以上城市政府的核心议题，在政府注意力中占据重要地位，是地级以上城市政府最关心的主要政策议题（陶鹏和初春，2020；Yan et al.，2022）。然而，与此同时，政府对社会保障、社会管理、民主法治、扶贫等议题也给予了较高的关注，这表明对于不断涌现的与经济社会发展转型相关的治理挑战，城市政府也在不断积极回应，并在政府注意力中给予了相应重视。

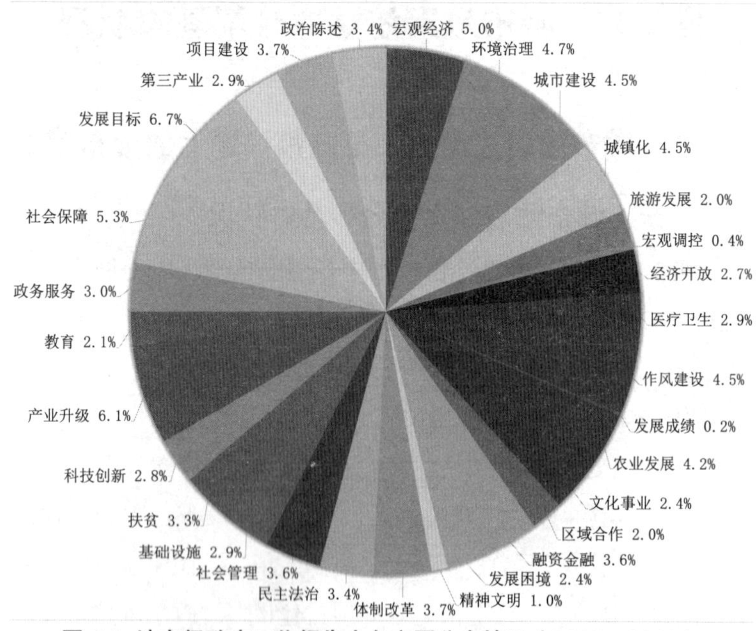

图 2.5 地市级政府工作报告中各主题分布情况（2005—2019）

（二）城市注意力变化的历时性分析

为了进一步观察地市级以上城市政府对各项政策议题的注意力随时间变化情况，本研究在语料库中引入"时间轴"，分别统计了各个政策主题注意力聚焦水平随时间的变化，并进行了可视化。图 2.6 显示了城市政府工作报告中对各政策议题的注意力聚焦随时间的变化情况。

总体来看，可以将地市级以上城市政府对单一政策议题注意力变动情况划分为以下四种情况：

第一类是注意力聚焦随时间变化波动并不明显的政策议题。该类议题包括发展困境、文化事业、发展成绩、宏观调控、城市建设、政治陈述、第三产业、教育、基础设施和社会管理。

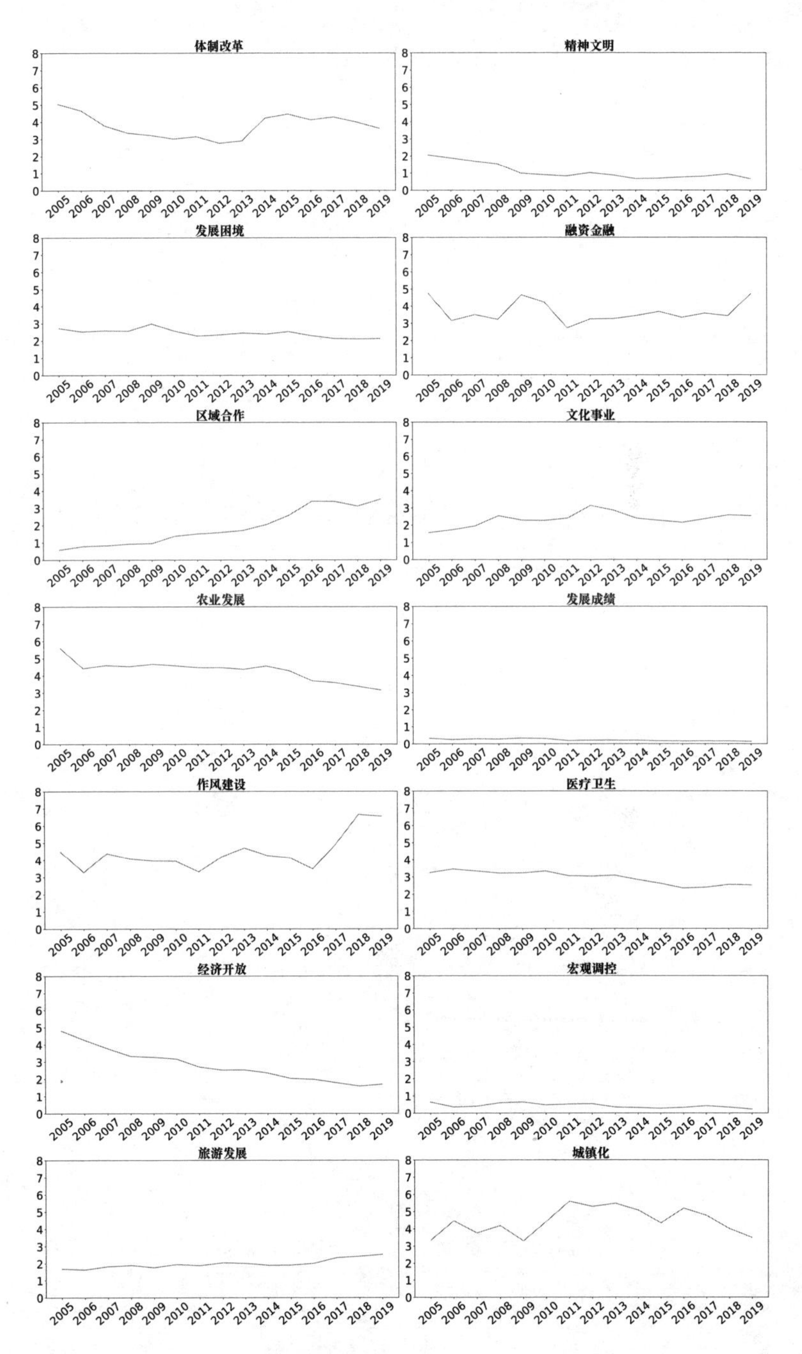
体制改革
精神文明
发展困境
融资金融
区域合作
文化事业
农业发展
发展成绩
作风建设
医疗卫生
经济开放
宏观调控
旅游发展
城镇化

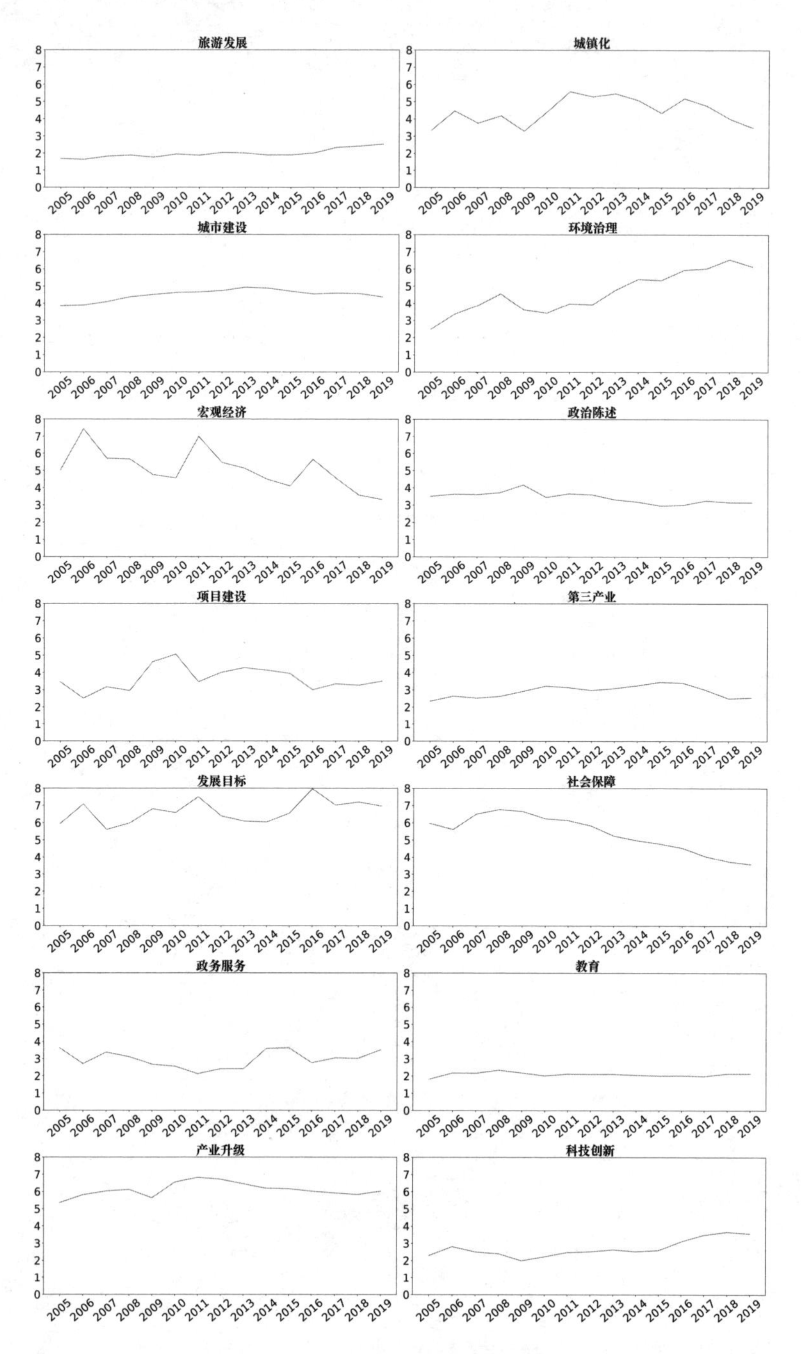
旅游发展
城镇化
城市建设
环境治理
宏观经济
政治陈述
项目建设
第三产业
发展目标
社会保障
政务服务
教育
产业升级
科技创新

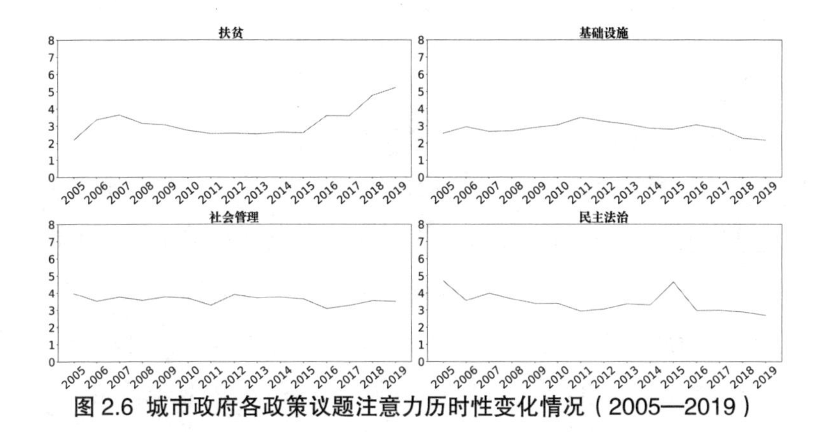

图 2.6　城市政府各政策议题注意力历时性变化情况（2005—2019）

这类议题往往属于政府的常规性工作，因此在城市工作报告中给予了持续且较少变化的关注。

第二类是受到一些焦点事件影响而呈现出上下震荡态势的议题。主要包括体制改革、融资金融、城镇化、宏观经济、项目建设、发展目标、民主法治等议题。例如体制改革，2003 年党的十六届二中全会通过了《关于深化行政管理体制和机构改革的意见》，使得行政管理体制改革成为地市级政府关注的重要议题。2013 年，党的十八届三中全会审议通过了《中共中央关于全面深化改革若干重大问题的决定》，使得地市级政府再次将大量注意力聚焦于体制改革议题。2008 年，为应对美国金融危机的影响，我国推出了进一步扩大内需、促进经济平稳较快增长的十项措施，到 2010 年底共约投资 4 万亿。（国务院办公厅，2008）从融资金融、宏观经济、项目建设和发展目标等议题的历时分布可以看出，在这几年，地市级政府对这些议题的关注度明显上升。2014 年 10 月，十八届第四次全体会议通过了《中共中央关于全面推进依法治国若干重大问题的决定》。中央政府对依法治国的关注也反映在了城市政府的注意力的变化中，在 2015 年地市级政府工作报告对民主法治议题的关注显著增多。

第三类是随着时间推移不断下降的政策议题。该类议题包括精神文明、农业发展、经济开放和社会保障。随着市场经济发展带来的社会利益格局分化，党的十六大明确提出了“建立健全同经济发展水平相适应的社会保障体系”的目标。2006 年，党的十六届六中全会提出，“逐步建立社会保险、社会救助、社会福利、慈善事业相衔接的覆盖城乡居民的社会保障体系”。这是中央首次提出建立覆盖城乡全体居民的社会保障目标。因此，在此期间，地市级政府对社会保障建设投入了更多关注。然而，随着我国社会保障事业的逐步发展，现代社会保障的框架体系基本形成。（人民日报，2019）因此，对社会保障的关注度缓慢下降，变为城市政府的普通常规任务。

第四类是随着时间推移显著上升的政策议题。该类议题包括区域合作、作风建设、环境治理、产业升级、科技创新、扶贫等。这些议题具有明显的新时代特征。例如，2012 年 12 月，中共中央总书记习近平主持召开了中共中央政治局会议，审议通过了中共中央政治局关于改进工作作风、密切联系群众的“八项规定”。2015 年 8 月，中共中央印发了《中国共产党巡视工作条例》；10 月，中共中央印发了《中国共产党廉洁自律准则》和《中国共产党纪律处分条例》。中央对于作风建设的强调也反映在了地市级政府的注意力聚焦上。2012 年后，地市级政府对于作风建设的关注度明显上升，2015 年后更是大幅提高。2013 年 11 月，习近平总书记在湖南湘西十八洞村调研时提出了“实事求是、因地制宜、分类指导、精准扶贫”十六字方针。

2014年4月，国务院扶贫办印发《扶贫开发建档立卡工作方案》，为精准扶贫提供了前提。自此，各级政府开始了脱贫攻坚工作。从2016年开始，地市级政府工作报告对扶贫工作的关注度显著提升。

以上分析显示，各政策议题的历时性变化与重要外部焦点事件和国家大政方针政策变化的时间点基本吻合。这表明利用LDA模型对政府工作报告进行分析，可以较好地洞察城市政府的政策动向，反映城市政府的行为。（王琪和田莹莹，2021）

二、城市政府环境治理注意力的分布和变化情况

（一）各级政府环境治理注意力历时性变化

本研究主要关注城市注意力在环境治理议题上的聚焦和权衡。因此，本部分接下来重点关注政府在环境治理上的注意力聚焦水平及其变化情况。

图2.7展示了各级政府工作报告在环境治理议题上注意力的历时变化。从图中可以看出，2005年至2019年间，政府工作报告中对环境治理注意力分配大致经历了两次明显的快速上升期。一是2005年至2008年期间，并在2008年达到峰值。21世纪以来，随着我国发展面临的资源环境制约越来越突出，中央提出了科学发展观以满足人民群众对良好生态环境越来越迫切的需求。2004年5月5日，中共中央总书记胡锦涛在江苏考察时指出："实施可持续发展战略，促进人与自然的和谐，实现经济发展和人口、资源、环境相协调，坚持走生产发展、生活富裕、生态良好的文明发展道路，既是全面建设小康社会的必然要求，也是贯彻落实科学发展观的重要实践。"（胡锦涛，

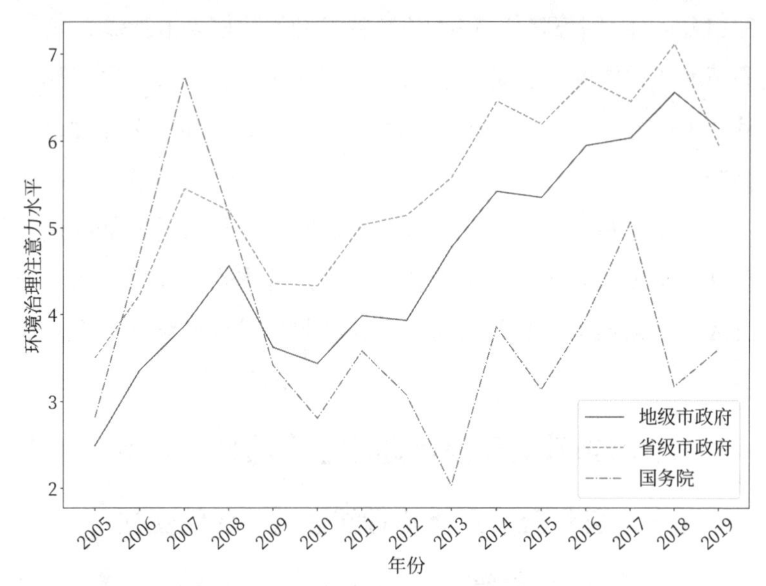

图 2.7 各级政府在环境治理议题上的注意力水平（2005—2019）

2016a）2007 年，他又明确提出“建设生态文明，实质上就是要建设以资源环境承载力为基础、以自然规律为准则、以可持续发展为目标的资源节约型、环境友好型社会”。（胡锦涛，2016b）这一时期政府工作报告中对环境治理的关注度提升反映了这一变化。然而，2008 年美国金融危机的爆发打断了这一过程，导致各级政府对环境治理的关注度大幅下滑。

党的十八大以来，生态文明建设被提到了治国理政前所未有的高度。国家领导人在多个场所都明确阐述了“绿色发展理念”“生态文明建设”的重要性。例如，“良好生态环境是最公平的公共产品，是最普惠的民生福祉”“在生态环境保护问题上，就是要不能越雷池一步，否则就应该受到惩罚”“宁要绿水青山，不要金山银山”等。在国家领导人的推动下，各级政府对环境治理的关注度显著增加。其中，国务院在 2017 年对环境治理的关注度是 5.07%，而省级政府在 2018 年的关注度达到了最高点，达到了 7.12%。各地市级政府工作报告中，对环境治理的关注度也显著提升。在 2018 年，各城市政府工作报告对环境治理的关注度达到最大值，为 6.56%。相比于 2012 年，增加了 67.35%，与 2005 年相比更是增加了 159.29%。这些都显示，环境治理在政府工作中的重要性不断增加，对政府的公共决策和政府官员的政治行为产生越来越大的影响。（王印红和李萌竹，2017）

在不同政府层级之间，国务院对环境治理的关注度与省、市政府关注度之间存在明显的交叉。在 2006 年至 2008 年间，国务院对环境治理的注意力水平明显高于省、市政府。这表明在这段时间，国务院对环境治理关注度的增加并没有得到省、市政府同等程度的回应。然而，自 2012 年以后，省、市政府环境治理注意力水平持续增长，并且注意力水平显著超过了国务院注意力水平。相对于国务院与市级政府之间，省、市政府之间的环境治理注意力水平变化趋势更为一致，这表明省级政府作为中间一级政府（陈天祥，2019），在政策传导中发挥着重要作用（朱旭峰和张友浪，2015）。从 2005 年至 2018 年，省级政府环境治理注意力水平都明显高于地市级政府，但自 2015 年以来，双方的差异逐年缩小。到 2019 年，地市级政府的环境治理注意力水平超过了省级政府。这表明，随着 2014 年至 2015 年我国环境监管重心由督查企业向督察政府的转变，地方政府（特别是市级政府）环境治理责任在不断被落实（王岭等，2019），从而促使其不断提高对环境治理的关注度。

通过对政府环境治理注意力的历时性变化分析，可以发现政府环境治理注意力变化趋势与我国环境政策表现出高度一致性，这也表明LDA模型所提取的环境治理主题基本把握了我国环境治理注意力分配规律，对我国环境政策变化具有良好的预测效度。政府注意力的变化也为解读我国政府环境治理行为提供了可靠依据。通过对政府环境治理注意力的变化进行进一步探索,可以更深入地了解我国政府环境治理行为背后的逻辑。(王琪和田莹莹，2021)

（二）各地市级以上城市政府环境治理注意力空间差异

不同地级市以上政府在环境治理关注度上存在显著不同。其中，内蒙古锡林郭勒盟在2018年和2019年的环境治理关注度最高，分别为15.13%和13.27%。锡林郭勒盟拥有锡林郭勒草原国家级自然保护区，是全国唯一被联合国教科文组织纳入国际生物圈监测体系的自然保护区，也是我国建立的第一个草原类自然保护区，同时也是目前我国最大的草原与草甸生态系统类型的自然保护区。然而，锡林郭勒盟也是国家级煤电基地，以能源为主的产业发展兴起了一批露天煤矿和非煤矿产业，给当地带来了沉重的生态环境压力。2016年第一轮中央环境保护督察提出了18项整改任务，给锡林郭勒盟带来了巨大的环境治理压力。（《中国环境报》，2020a）这就不难解释为何锡林郭勒盟在2018年与2019年会高度关注环境治理了。

黑龙江省伊春市对环境治理也给予了较高关注，其环境治理关注度长期高于其他城市以及全国平均水平。图2.8展示了伊春市2007年至2019年的环境治理注意力水平，除了2010年和2013年等少数年份仅略高于全国平均水平外，其余年份均远高于全国平均水平。伊春市位于小兴安岭南段，是国家重要森林工业基地，早在2005年就被联合国授予“城市森林生态保护和可持续发展范例——绿色伊春”荣誉称号。此外，伊春市辖区内拥有黑龙江丰林国家级自然保护区、黑龙江凉水国家级自然保护区、溪水国家森林公园、金山国家森林公园等著名国家级自然保护区和森林公园。这些丰富的森林自然资源使得伊春市政府一直持续关注环境治理。然而，在东北地区，除了伊春市外，其他城市对环境治理的关注度普遍较低。例如，绥化的环境治理关注度仅为1.88%，是全国对环境治理关注度最低的城市。且该市环境治理注意力水平一直处于较低水平，即使在2019年也仅为3.61%，低于全国平均水平（具体见图2.8）。松原、牡丹江、吉林、大庆等城市的环境治理关注度也分别只有1.92%、1.88%、2.43%和2.47%。

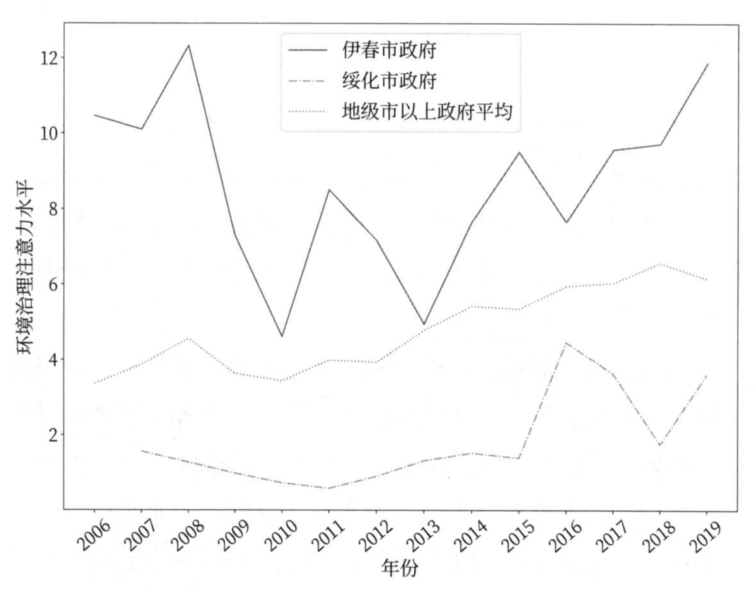

图2.8　伊春市、绥化市与全国地级市以上政府（不含直辖市）平均环境治理注意力（2006—2019）

总体而言，东部沿海地区在环境议题上的注意力水平整体较高。例如，苏州、丽水、台州、宁德等市的环境治理注意力水平分别达到了7.56%、7.11%、6.36%和6%，处于较高水平。

在西部地区，青海省各市的环境治理注意力水平整体较高。例如，西宁、海东、黄南、海北、玉树、海西的环境治理注意力水平分别为6.87%、6.49%、8.23%、6.39%、6.01%和6.32%，均高于全国平均水平。这可能与青海省的发展定位密切相关。作为中国乃至亚洲最重要的生态屏障和水源涵养区，青海被誉为“中华水塔”，这使得生态环境保护在青海发展过程中占据了重要地位。自2008年起，青海正式提出了“生态立省”战略。同时，中央政府也对青海的生态环境保护给予了关注和支持，2014年，国家批复了《青海省生态文明先行示范区建设实施方案》，将生态经济、循环经济、低碳经济正式确立为青海发展的主导模式。这使得青海省辖区内的各市州对环境治理给予了较高的关注度。

然而，从各城市之间的比较来看，城市之间的环境治理注意力存在较大差异。在所有地级以上城市中（不含直辖市），绥化对环境治理的关注度最小，仅为1.88%，而锡林郭勒盟的环境治理注意力水平最高，高达14.20%，两者之间存在6.55倍的差距。

那么，城市间的环境治理注意力差异是不是政府应对当地环境污染的结果呢？本研究将城市政府环境治理注意力水平与环境污染水平进行回归，表2.2列举了相应的回归结果。其中，列1至列3是人均污染物与政府环境治理注意力水平的关系，列1为随机效应模型，列2为控制了时间和城市的固定效应模型，列3是控制了时间、城市、省份－时间交乘效应的多维固定效应模型，列4是在列3的基础上加入了污染物的滞后项，列5

则探讨了污染物总量与政府环境治理注意力水平之间的关系。从这些模型可以看出，除人均工业二氧化硫排放量在随机效应模型中显著外，控制了时间效应、城市固定效应和省份－时间固定效应后，无论是人均污染物排放水平还是污染物排放总量都难以解释该市政府环境治理注意力水平。

通过对伊春和其他东北城市的比较也可以发现这点。2019年，伊春市环境空气质量达标天数比例为97.2%，一级（优）天数为277天，二级（良）天数为66天，全年达到国家环境空气质量二级标准的天数为343天。（《中国环境报》，2020b）然而，2019年至2021年，哈尔滨、绥化等多个城市连续三年出现重污染天气。（中华人民共和国生态环境部，2022）尽管伊春市环境质量较好，但其政府对于环境治理表现出较高的注意力水平，而哈尔滨和绥化在2019年的环境治理注意力水平分别为3.29%和3.61%，都显著低于6.15%的全国平均水平。

因此，城市环境治理注意力水平差异并非仅是政府对当地环境污染的适应性治理结果，其分配可能受到更为复杂的体制机制因素的影响。

表 2.2 城市环境治理注意力水平与环境污染间关系

环境污染要素	(1) F. 注意力水平	(2) F. 注意力水平	(3) F. 注意力水平	(4) F. 注意力水平	(5) F. 注意力水平
人均二氧化硫	0.191**	0.115	0.102	0.043	—
	(0.018)	(0.214)	(0.256)	(0.685)	—
人均烟尘	0.034	0.090	−0.067	−0.018	—
	(0.561)	(0.144)	(0.300)	(0.784)	—
人均废水	−0.009	−0.149	−0.040	−0.168	—
	(0.900)	(0.122)	(0.683)	(0.157)	—

续表

环境污染要素	(1) F. 注意力水平	(2) F. 注意力水平	(3) F. 注意力水平	(4) F. 注意力水平	(5) F. 注意力水平
L. 人均二氧化硫	—	—	—	0.066	—
	—	—	—	(0.461)	—
L. 人均烟尘	—	—	—	–0.105	—
	—	—	—	(0.119)	—
L. 人均废水	—	—	—	0.182	—
	—	—	—	(0.111)	—
二氧化硫	—	—	—	—	0.000
	—	—	—	—	(0.470)
烟尘	—	—	—	—	–0.000
	—	—	—	—	(0.421)
废水	—	—	—	—	0.000
	—	—	—	—	(0.226)
常数项	2.934***	3.454***	4.742***	4.870***	4.718***
	(0.000)	(0.000)	(0.000)	(0.000)	(0.000)
年份固定效应	是	是	是	是	是
城市固定效应	否	是	是	是	是
省份 – 年份固定	否	否	是	是	是
R2	—	0.283	0.504	0.497	0.504
城市数	288	288	283	281	283
样本量	3339	3339	3320	2919	3320

注：括号内为聚类稳健标准误，***、**、* 分别代表在 1%、5%、10% 的水平上显著。

本章小结

本章利用 2005 年至 2019 年国务院、省级政府以及地市级政府工作报告的数据集，构建了用于测量政府注意力的文本语料库，并基于 LDA 模型，对各级政府在不同政策议题上的注意力水平进行了识别和描述。

首先，经过数据获取与清洗、文本预处理以及 LDA 建模过程,本研究得到了各级政府在各政策议题上的注意力水平。随后，从语义效度和极端值两个方面对模型输出结果进行了检验。检验结果表明，LDA 模型不仅能够生成具有实质意义的主题，而且能够对政府工作报告中各主题的占比进行较为准确的衡量。

在此基础上，本研究对地市级政府在各政策议题上的注意力分布情况进行了分析。结果显示，城市政府虽然对社会保障、民主法治、社会建设等政策议题都给予了关注，特别是在环境治理、作风建设、扶贫等议题上的注意力水平有了显著提高，但宏观经济、发展目标、产业升级等经济发展类议题仍然占据着重要地位。

最后，聚焦于本研究的关键变量，对城市政府环境治理注意力水平进行了分析。历时性分析显示，地市级以上城市政府的环境治理注意力出现了两个快速增长时期，一是 2005 年至 2008 年，反映了当时党中央、政府对生态文明建设的关注，但随后出现了大幅下降。二是 2012 年后，地方政府环境治理注意力出现了持续增长，特别是地市级以上城市政府环境治理注意力水平快速提高，并超过了省级政府环境治理注意力。政府环境治理注意力的历时性变化较好地反映了我国政府环境治理上注意力的变化。这表明我们能够通过政府环境治理注意力的变化，进一步探索我国政府环境治理行为背后的逻辑。通过比较地市级以上市（州）政府（不含省、直辖市）发现，各市政府在环境治理注意力分配方面存在较大差异，而且这种差异并非地方政府针对该市环境污染的适应性治理结果，可能受到其他体制机制因素的影响。

相对绩效、向上嵌入对环境治理注意力聚焦的影响

根据组织注意力基础观，政府在特定政策议题和解决方案上的注意力聚焦直接影响着地方政府政策的制定和执行。而组织内的规则、资源以及内部关系则是政府注意力聚焦的重要影响因素。基于科层组织背景，本章着重分析了对城市官员职位晋升有重要影响的相对绩效和向上嵌入对城市政府环境治理注意力聚焦的影响。本章结构安排如下：第一节将对相对绩效和向上嵌入对环境治理注意力聚焦机制的影响进行分析，并提出相关的研究假设；第二节将介绍本章采用的实证研究设计；第三节将展示基准回归结果以及根据环境治理政策实践进行的延展分析，并对本章的主要结论进行了稳健性检验；最后，本章将提出初步证据，探讨可能的影响机制。

第一节　环境治理注意力聚焦机制及研究假设

组织注意力基础理论认为，决策者注意力聚焦取决于他们所处的情境特征。（Ross & Nisbett，2011）而决策者处于何种情境以及如何解读这些情境，则受到组织的规则、资源和内部关系的影响。（Ocasio，1997）本研究旨在在控制资源等因素的情况下，考察科层组织激励制度以及内部关系对组织注意力聚焦的影响。这是因为：一方面，巴内特认为，组织激励制度是组织最重要的注意力结构，塑造着决策者的注意力分配。（Barnett，2008）另一方面，很多重要的资源和信息是通过“非

正式”关系渠道流动的，若忽视这些非正式关系可能导致理论分析脱离实际。（周飞舟，2016）

基于前文的分析，城市政府处于一个由“委托方（中央政府）—管理方（省级政府）—代理方（市级政府）”构成的多任务发包科层组织结构中。在这一结构中，城市政府需要负责中央发包、省政府细化转包的政治、经济、社会、文化、生态环境等多项任务的执行落地。在目标管理责任制和横向竞争性考核晋升制的约束下，城市政府的综合治理效果排名直接影响着官员的职位升迁。在较长时间内，经济增长排名在绩效排名考核中占据了重要地位，形成了所谓的“晋升锦标赛”。（Li & Zhou，2005；周黎安，2007）在下管一级的干部人事管理制度中，直接上级领导是官员职位升迁的直接决定者。而向上嵌入上级官员的社会网络，是下级官员追求晋升和安全的必要条件。（Pye，1995）通过向上嵌入，下级官员能够获得更多支持，从而降低职业生涯风险。（Jiang，2018）这是在绩效考核制度正式化的背景下，官员提高自身资源动员能力和降低职业生涯风险的有效应对途径。（周雪光，2008）因此，从官员职位晋升的角度来看，晋升锦标赛下的相对绩效对城市主政官员施加着强激励，而向上嵌入则是具有关键意义的非正式社会关系。基于此，本研究从这两个方面分析了它们对城市政府环境治理注意力聚焦的影响。图 3.1 展示了本部分的基本分析框架。

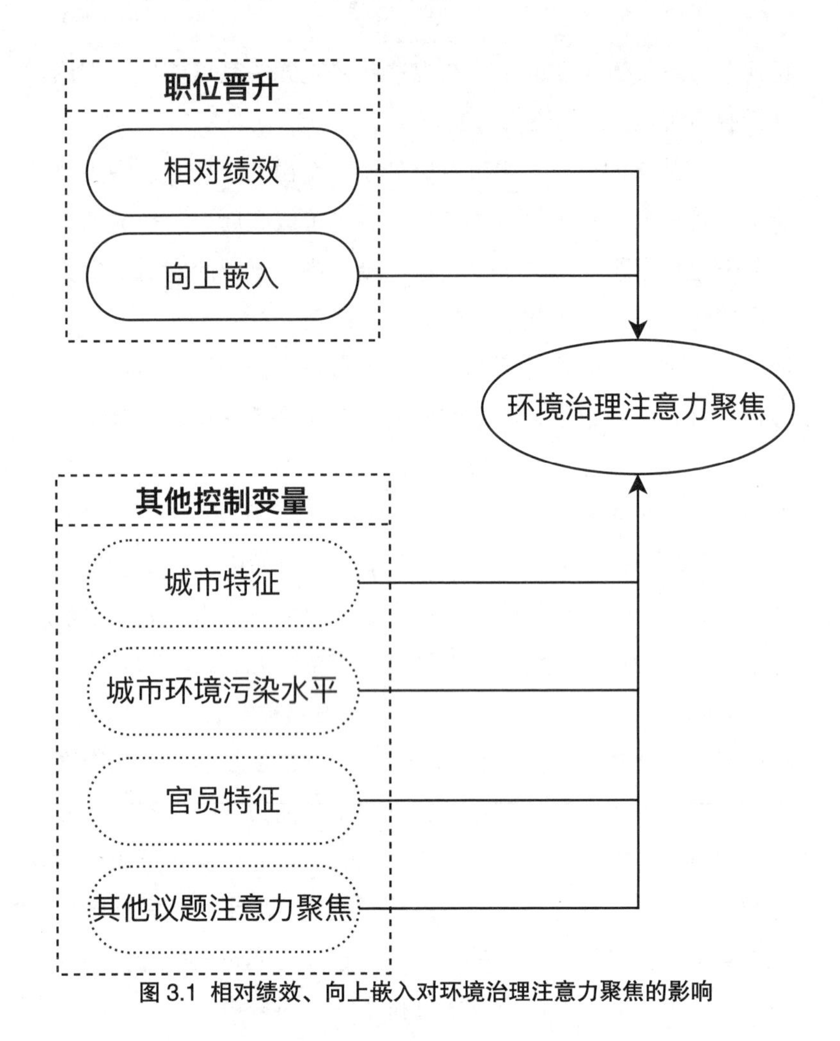

图 3.1 相对绩效、向上嵌入对环境治理注意力聚焦的影响

一、相对绩效对政府环境治理注意力聚焦的影响

20 世纪 80 年代以来，为了推动经济发展，我国将地方官员选拔与晋升的标准由过去纯政治指标转变成以经济绩效为主要考量的政治晋升激励模式，即晋升锦标赛。（周黎安，2004）这种理论的核心命题是地方主政官员之间的相对经济

绩效排名是影响其晋升概率的关键因素。（周黎安，2004，2007，2008）由此，那些经济绩效排名靠前的地方主政官员，就会合理预期自己应该在这场锦标赛中占据了更优的位置，与其他竞争对手相比拥有了更高的晋升概率。根据美国心理学家弗鲁姆于 1964 年提出的“期望理论”，实现预期目标的可能性越大，其激励程度或动机水平就越大。（Vroom，1964）因此，在经济绩效的横向竞争中，较高的排名可以对地方主政官员产生激励（王焱，2020），使他们更加渴望提高自身政绩以巩固自己的竞争优势（周雪光，2005），这让他们倾向于采取能够最大化自身收益的注意力分配方式，将注意力聚焦于那些能够给自身带来更多晋升机会的强激励事项中（周黎安，2007）。

当地方主政官员在经济绩效横向排名中取得了一个好的排名时，他们在晋升上就具有了更好的潜在优势（叶贵仁，2010），促使他们更加重视推动辖区经济增长。这就需要地方主政官员能够通过自己的时间分配、施政纲领等方式进行清晰的注意力表达（陈辉，2021），向科层组织传达促进经济增长的明确信号，以实现权威、人力和财力资源向经济发展领域的倾斜性使用（庞明礼，2019）。然而，如果注意力表达失当，导致资源被“错误地”应用在其他对晋升考核不重要的领域，可能对个人的仕途产生负面影响。

环境治理一直被视为对官员晋升考核不太重要的领域。在较长时间里，环境治理只是一项约束性相当弱的志愿性指标（冉冉，2013），它不仅难以为官员职业生涯提供有效的正向激励（Kostka & Mol，2013），官员也不太可能因为环境的破坏而受到处罚（冉冉，2013）。因此，环境治理既无法对官员晋升产生正向效应，也难以产生负向影响。同时，由于资源有限性导致的挤出效应，增加环境治理注意力聚焦可能会导致科层组织资源误用，挤出经济发展所需的资源，从而对官员晋升产生负向影响。实证研究表明，地方的环保投资占当地 GDP 的比例每增加 0.36%，地方书记的升迁机会便会下降 8.5%。（Wu et al., 2013）因此，当地方主政官员在横向排名竞争中取得较好排名时，较高的晋升期望会使他们更明确地进行注意力表达，减少政府在环境治理领域的注意力聚焦，以防止向科层制传递“错误”信号。基于此，本研究提出如下实证检验假设：

假设 3-1：在其他条件相同的情况下，经济绩效的横向排名越高，城市政府在环境治理方面的注意力聚焦水平就越低。

二、向上嵌入对城市政府环境治理注意力聚焦的影响

在过去相当长的时间里，环境治理由于“条条块块”双重领导体制的存在，导致环保绩效对地方主政官员呈现出一种“重惩罚、轻奖励”的倾向（吴建祖和王蓉娟，2019），缺乏正向激励性。为解决这一问题，中央政府希望改革地方政府绩效考核机制，促进地方政府加强环境治理。2005 年，国务院发布《国务院关于落实科学发展观加强环境保护的决定》，在评优创先活动中对地方政府实行环保“一票否决”。2011 年 12 月，国务院印发《国家环境保护“十二五”规划》，将生态文明建设纳入地方政府政绩考核范畴。

然而，在“委托方—管理方—代理方”结构下，中央政府对城市政府的考核主要依赖于省级政府。由于省级政府（管理方）与市级政府（代理方）在考核验收过程中具有一致的利益（周雪光，2008），这促使它们建立了共谋关系，通过修改数据（Tang et al., 2022）、非正式谈判等方式（周雪光和练宏，2011）来应付委托方（中央政府）的考核（张文彬和李国平，2014）。

然而，共谋是有代价的。中央政府及其环保部门往往会通

过仔细审查报告统计数据和派出独立检查组“一竿到底”地直接检查污染排放。这些举措有助于缓解中央政府所面临的信息不对称情况，增加了省市共谋被发现的风险，给省级政府带来损失。考虑到这种风险，省级政府往往会谨慎选择共谋对象，评估共谋带来的损益以及被发现后对方招供的概率。因此，共谋行为通常建立在深厚的非正式关系之上，通过“君子协议”来实现共谋契约。（周雪光，2008）向上嵌入为省市共谋提供了这一契约基础。在共谋关系容易被发现的情况下，省级政府更倾向于保护嵌入自己社会网络的市政府官员，这不仅是在维护自身科层组织中的重要权力基础（Roback & Vinzant，1994；Carpenter，2020），还可以避免数据的过度操纵和环境的过度恶化，有效降低省市共谋被发现的风险。因此，在省市共谋空间有限的情况下，向上嵌入上级官员的社会网络为市政府官员提供了更多的保护，帮助他们规避因环境污染所受到的惩罚，从而可能降低他们在环境治理上的注意力聚焦。基于此，本研究提出以下研究假设：

假设 3-2：在其他条件相同的情况下，向上嵌入会降低市政府在环境治理方面的注意力聚焦。

第二节　研究设计

一、数据来源

（一）政府工作报告

通过政府门户网站、网络搜索引擎和各地方年鉴等渠道，手动收集整理了 2005 年至 2019 年间国务院、省政府和市政府共4864份工作报告。利用LDA模型进行文本建模，分析得到各级政府在各政策议题上的注意力水平。最终，构建了包含330个地级以上行政区2005年至2019年政府注意力分配非平衡面板数据库。

（二）领导干部数据

领导干部数据来自中国政治精英数据库（CPED），该数据库包含了自20世纪90年代末至2015年4000多名市级、省级和国家级主要领导人的大量传记信息。对于每位领导者，数据库提供了其简历中所列每任职务的时间、地点、组织和等级等标准化信息，数据来源包括政府网站、年鉴和其他可靠的互联网资源。（Jiang，2018）然而，该数据库目前仅涵盖了2015年以前的数据。为此，本研究通过择城网、百度百科、人民网领导人数据库等渠道，补充了2016年至2019年省、市两级主要领导人的数据。

（三）环保约谈

通过对生态环境部官方网站和各市政府门户网站、人民网、新华网等权威新闻网站的浏览和搜索，收集整理了2014年至2019年历次环保约谈数据。

（四）统计年鉴

本研究利用《中国城市统计年鉴》获得了地区生产总值、GDP增长率、地方财政收支、环境污染等城市经济社会特征和环境污染特征数据。

二、变量测量

（一）城市政府环境治理注意力聚焦

利用LDA模型对2005年至2019年政府工作报告进行分析

后，根据齐亚双等人的研究（Qi et al.，2018），我们利用主题流行度来衡量政府在环境治理方面的注意力聚焦水平。主题流行度通过计算 d 文档的主题比例 θ_d 来确定，对于每一主题 j，其主题流行度 $Pop(j)$ 可通过汇总 $\theta_{d,j}$ 来得到。每年各主题流行度就是该年所有文档的主题比例 θ_d 的总和。

$$Pop(j) = \sum_{d} \theta_{d,j} \qquad \text{（式 3.1）}$$

然而，由于各城市每年政府工作报告被切分的段落数量不同，导致了各城市每年主题流行度难以直接比较。因此，我们将每个城市各年各主题的流行度除以该城市该年所有主题的流行度之和，以获得归一化后的主题流行度，即该主题的注意力聚焦水平。具体计算公式见式 3.2：

$$NPop(j,g,t) = \frac{\sum_{d|pc(d)=g,py(d)=t} \theta_{d,j}}{\sum_{j} \sum_{d|pc(d)=g,py(d)=t} \theta_{d,j}} \qquad \text{（式 3.2）}$$

其中，$py(d)$ 表示文档 d 的发表年份，$pc(d)$ 代表文档 d 所发表的城市。

（二）关键解释变量

本研究主要关注相对绩效和向上嵌入对城市政府环境治理注意力聚焦的影响。

相对绩效。依据晋升锦标赛逻辑，官员辖区经济绩效的相对位次是决定地方主政官员晋升的关键因素。（Li & Zhou，2005；周黎安，2007，2008；Xu，2011）省内其他城市的经济绩效作为“标杆”，对官员的经济表现和政治晋升产生影响（罗党论等，2015），同时也塑造着地方政府的行为（乔坤元等，2014；刘焕等，2016）和科层组织的注意力分配（赖诗攀，2020）。刘焕、吴建南和孟凡蓉（2016）发现，地方官员的晋升竞争主要围绕GDP增长率等经济指标展开，与GDP总量的相关性不大。因此，本研究利用该市GDP增长率在当年的省内排名来衡量相对绩效。由于各省内的地市个数相差较大，直接采用GDP增长率排名难以在各省际间进行比较，故本研究并没有直接借助排名的虚拟变量进行回归（Genakos & Pagliero，2012），而是在借鉴相关研究的基础上（赖诗攀，2020；乔坤元等，2014），对城市GDP增长率当年省内排名进行了标准化处理。具体做法是将GDP增长率省内当年排名减去各省省内当年排名均值，然后除以各省省内当年排名标准差。为了使结果解读更加符合思维直觉，本研究使排名序号方向与GDP增长率大小方向相一致，即GDP增长率越高，排名序号越大。因此，该数值越大，表明该市排名越靠前，相对绩效就越大。

向上嵌入。在实证研究中，如何识别和衡量官员之间的非正式关系是一个共同的挑战，以往的研究主要依据共同的生活经历、教育背景或家庭出生来衡量这种非正式关系。（Opper & Brehm，2007；Shih et al.，2012；Jia et al.，2015）然而，这些关系主要反映了官员之间的共同经历，难以反映出他们之间关系的性质，例如他们是队友还是对手。（Tang et al.，2022）

在政府科层组织中，相比共同经历，职位任命可能是一种更为重要的关系。职位任命本质上是一种有目的的、有显著效果的且不可逆的资源分配，经济学相关研究常将其视为上级官员保护下级、进行寻租的一种策略（Wilson，1961；Chubb，

1982；Brennan，2003；Folke，Hirano，& Snyder，2011；Stokes，Dunning，Nazareno，& Brusco，2013），在上下级关系中扮演着关键角色（Robinson & Verdier，2013）。因此，本研究从职位任命角度来定义市政府官员与上级官员之间的非正式关系。具体而言，在借鉴既有研究（Jiang，2018）的基础之上，通过职位任命来定义下级官员是否向上嵌入上级社会关系网络。若"在 P 担任该省省委书记时，C 第一次从该省内部晋升为该省某市市委书记"，则表明 C 向上嵌入了 P 的社会关系网络。

该定义与传统社会的"老部下""门生故吏"等理念相符。掌握职位分配权的上级将职位分配给下级，这为下级官员的事业发展提供了最直接、最重要的帮助，是对下级官员的"知遇之恩"。因此，占据职位的下级官员需要通过信任或努力来回报上级，从而使上级拥有更大的资源动员能力，帮助上级官员建立权力基础。正如《后汉书·袁绍传》所言："袁氏树恩四世，门生故吏遍于天下，若收豪杰以聚徒众，英雄因之而起，则山东非公之有也。"

通过这种方式定义的向上嵌入具有两个重要特征：一是该定义是动态变化的。当省委书记离任后，该省所有市委书记都失去了与该省省委书记的关联。而当新任省委书记提拔任命新市委书记时，该市市委书记就向上嵌入了省委书记的社会关系网络中。二是该定义能够较好地识别关系质量。与共同工作生活经历难以区分竞争对手不同，上级官员在提拔任命官员时，需要在能力和互信间进行权衡，而且往往更看重互信。（Egorov & Sonin，2011）

向上嵌入是一个二元变量，1 表示市委书记向上嵌入到了省委书记社会关系网络中，0 代表没有。

（三）其他控制变量

本研究的控制变量主要分为四个方面：城市、污染、官员和其他主题占比。在城市方面，主要控制了地区经济生产总值，并考虑到环境库兹涅茨曲线（Grossman & Krueger，1995），对地区经济生产总值的平方也进行了控制。为了排除相关城市可能从上级那里获得帮助以实现快速增长的财政资源的影响，对财政转移进行了控制。（Jiang，2018）其他城市控制变量还包括人口规模、固定资产投资、第二产业比重、登记失业人数、制造业从业人数、公共管理人数、环保约谈。在环境污染程度方面，控制了人均工业二氧化硫排放量、人均工业烟尘排放量和人均工业废水排放量。在官员特征方面，主要控制了官员的性别、年龄、教育程度、任期及其平方、是否中央下派。鉴于政府工作报告的容量有限，其他主题可能也会对环境治理注意力聚焦水平产生影响。因此，本研究还对经济发展主题、社会民生主题和政府管理主题进行了控制。各变量的具体操作化见表 3.1。

表 3.1 主要变量与设计

变量类别	变量名称	具体含义
因变量	环保聚焦	环境治理主题在政府工作报告中的主题流行度
自变量	相对绩效	城市 GDP 增长率的标准化省内排名
	向上嵌入	借鉴相关研究的定义（Jiang，2018）：在 P 担任该省省委书记时，C 第一次从该省内部晋升为该省某市市委书记

续表

变量类别	变量名称	具体含义
城市特征控制变量	lnGDP 及其平方	地区生产总值取对数，然后平方
	财政转移	地方财政一般预算内支出减去一般预算内收入，然后除以 10000 以减少量级
	人口规模	年末总人口取自然对数
	第二产业比重	第二产业增加值占 GDP 比重
	固定资产投资	固定资产投资总额取自然对数
	登记失业人数	年末城镇登记失业人员数取自然对数
	制造业从业人数	制造业从业人员数取自然对数
	公共管理人数	公共管理和社会组织从业人员数取自然对数
城市特征控制变量	环保约谈	该城市或该城市所辖县区在该年是否被生态环境部约谈，是则取值为 1，否则为 0
污染特征控制变量	二氧化硫排放量	工业二氧化硫排放量除以年末总人口后取自然对数
	工业烟尘排放量	工业烟尘排放量除以年末总人口数后取自然对数
	工业废水排放量	工业废水排放量除以年末总人口数后取自然对数
领导特征控制变量	市委书记性别	男性赋值为 1，女性赋值为 0
	市委书记年龄	当前年份减去市委书记出生年份
	市委书记受教育程度	大专以下赋值为 1，大专及本科赋值为 2，研究生以上赋值为 3
	市委书记任期	参考相关学者的做法（朱旭峰和张友浪，2015；张平，赵国昌和罗知，2012）：将任期简化为整数，如该官员在该年 6 月 30 日之前任职，则当年赋值为 1，否则赋值为 0
	市委书记中央任职经历	1 代表该官员有中央工作经历，0 则没有

续表

变量类别	变量名称	具体含义
其他主题	经济发展主题	融资金融、对外开放、宏观调控、旅游发展、宏观经济、项目建设、服务业、经济战略、产业升级、基础设施建设等经济类主题占比之和
	社会民生主题	精神文明建设、文化发展、医疗卫生、社会保障、教育、科技创新、农村建设、社会管理等社会民生主题占比之和
	政府管理主题	体制改革、作风建设、政务服务、民主法治等主题占比之和

三、模型设定与计量方法

为了控制不随时间变化的城市固定特征、不同年份外生冲击影响以及不同年份外生事件对不同地区的异质性冲击，本研究在控制城市固定效应、年份固定效应和年份－省份交叉效应的基础上，采用多维面板固定效应模型，估计相对绩效和向上嵌入对城市政府环境治理注意力聚焦的影响。具体计量模型设定如下：

$$Y_{ip(t+1)} = \alpha + \beta_1 相对绩效_{ipt} + \beta_2 向上嵌入_{ipt} + X_{ipt}\theta + \eta_i + \lambda_t + \gamma_{pt} + \varepsilon_{ipt} \quad （式 3.3）$$

其中，i、p 和 t 分别代表城市、省份和年份。因变量 Y 为城市政府环境治理注意力聚焦水平。我们主要关注相对绩效和向上嵌入的系数，即 β_1、β_2 的方向和显著性。X_{ipt} 代表城市社会经济特征、环境污染、官员特征和其他主题占比等控制变量组成的向量。η_i 为城市固定效应，用来控制不随时间变化的城市固定特征。λ_t 为年份固定效应，以控制年度影响，例如中央宏观政策变化冲击等。γ_{pt} 为省份－年份交叉固定效应，以控制外生冲击对不同省份的不同影响，如省级领导层或中央政府区域政策变化冲击等。

由于政府工作报告一般在该年年末或下年年初（该年 12 月或下年 1 月）提交和发布，本研究将城市该年年度数据与下一年度政府工作报告中的环境治理注意力聚焦相匹配。

第三节　实证结果和分析

一、描述性分析

表 3.2 是对主要变量的描述性统计。城市政府环境治理聚焦的均值为 4.73，这意味着在政府工作报告中，环境治理主题平均占比为 4.73%，高于平均水平的 3.33%。在所有城市中，约 49% 的市委书记由时任省委书记在任期内首次提拔到该职位。市委书记的年龄从 41 岁至 62 岁不等，任期最短为 1 年，最长为 11 年。在政府工作报告中，经济类主题流行度为 38.16%，显示出经济发展一直是我国政府关注的重要议题；社会民生主题占 23.1%，涉及党风廉政建设、依法行政、体制机制改革等政府建设类主题占 14.56%。

表 3.2 主要变量描述性统计

变量名	观测值	均值	标准差	最小值	最大值
环保聚焦	4049	4.73	2.29	0.00	17.16
向上嵌入	4049	0.49	0.50	0.00	1.00

续表

变量名	观测值	均值	标准差	最小值	最大值
相对绩效	3862	-0.00	0.95	-1.89	2.37
lnGDP	3884	16.24	0.98	13.01	19.41
财政转移	3887	120.47	112.99	-607.77	1920.08
人口规模	3890	5.86	0.67	2.92	7.31
第二产业比重	3884	47.60	10.81	10.68	85.92
固定资产投资	3039	15.66	1.02	12.61	18.24
环保约谈	4049	0.02	0.14	0.00	1.00
登记失业人数	3877	2.85	30.29	0.01	1881.21
制造业人数	3887	13.70	22.00	0.06	258.80
公共管理人数	3891	4.60	2.75	0.00	25.26
二氧化硫排放量	3782	4.37	1.25	-3.38	7.98
工业烟尘排放量	3781	3.79	1.20	-1.61	9.41
工业废水排放量	3785	2.39	1.02	-4.14	7.36
书记性别	4021	0.96	0.20	0.00	1.00
书记年龄	4042	53.07	3.43	41.00	62.00
书记受教育程度	3992	2.21	0.44	1.00	3.00
书记任期	4049	2.74	1.65	1.00	11.00
市委书记中央任期经历	4049	0.00	0.04	0.00	1.00
经济类议题	4049	38.16	5.29	21.45	61.82
社会类议题	4049	23.10	4.68	7.88	42.90
政治类议题	4049	14.56	3.84	0.85	39.54

二、基准回归结果

表 3.3 展示了基于多维固定效应模型的基准回归结果。在这些回归模型中，因变量是下一年政府工作报告中环境治理主题流动度，表示政府在该年对环境治理的注意力聚焦程度。所有模型均控制了城市固定效应、年份固定效应和省份 - 年份固定效应。模型（1）、（2）、（5）逐步引入了城市经济社会特

征与环境污染程度、城市官员特征以及当年政府工作报告中其他主题的注意力聚焦水平。模型（3）和模型（4）在控制城市经济社会特征、环境污染程度、官员特征和其他主题的情况下，分别单独加入向上嵌入、相对绩效自变量，以检验它们之间的相互影响。

这些模型结果一致地表明，相对绩效和向上嵌入都对该市政府环境治理的注意力聚焦有显著影响，这证实了本研究结果的稳健性。我们以完整模型（5）为基准，汇报本研究结果。表3.3中的模型（5）显示，相对绩效系数为-0.086，在5%的水平上显著。这意味着在其他条件相同的情况下，该市GDP增长率在省内排名越靠前，政府对环境治理的注意力聚焦程度就越低，从而验证了研究假设3-1。

向上嵌入对环境治理注意力分配的影响系数为-0.217，在5%的水平上显著。这表明，相较于其他城市，那些向上嵌入的城市对环境治理注意力聚焦程度更低，这验证了研究假设3-2。

表3.3 相对绩效、向上嵌入对环境治理注意力聚焦的影响

变量名	(1)	(2)	(3)	(4)	(5)
	F. 环保聚焦				
向上嵌入	-0.265^{***}	-0.226^{**}	-0.220^{***}	—	-0.217^{**}
	(-3.166)	(-2.352)	(-2.606)	—	(-2.573)
相对绩效	-0.095^{**}	-0.110^{**}	—	-0.087^{**}	-0.086^{**}
	(-2.138)	(-2.470)	—	(-2.175)	(-2.148)
城市特征	是	是	是	是	是
城市环境污染	是	是	是	是	是
官员特征	否	是	是	是	是
其他政策议题	否	否	是	是	是

续表

变量名	(1)	(2)	(3)	(4)	(5)
	F. 环保聚焦				
常数项	–54.114***	–68.825***	–40.971**	–43.713**	–42.203**
	(–2.804)	(–3.376)	(–2.251)	(–2.386)	(–2.320)
年份固定	是	是	是	是	是
城市固定	是	是	是	是	是
省份 – 年份固定	是	是	是	是	是
R^2	0.507	0.507	0.605	0.605	0.606
城市数	280	280	280	280	280
样本量	2903	2833	2835	2833	2833

注：括号内为城市层面的聚类稳健标准误，***、**、* 分别表示在 1%、5%、10% 的水平上显著。

三、延展分析

（一）环保约谈的调节效应

环保约谈制度是行政约谈制在环保领域的运用，旨在通过事先提醒和告诫，促使地方政府加强对区域环境问题的治理，强化其环境治理主体责任。2014 年 5 月，环保部颁布《环境保护部约谈暂行办法》，标志着环保约谈由“督企”向“督政”转变。（吴建祖和王蓉娟，2019）同年 9 月，因污染减排目标责任书完成进度严重滞后，环保部约谈了衡阳市市长，正式开启了环保约谈的序幕。约谈机制通过使被约谈官员面临政治与舆论的双重压力，督促其提高环境治理关注度，采取有效措施提升环境治理效率。（葛察忠，王金南，翁智雄和段显明，2015）这种机制将原本较软的考核指标变成“硬指标”，利用“军令状”的压力型政治激励方式，给官员施加更大的压力（冉冉，

2015），让经济绩效排名靠前的官员不要过于忽视环境治理，以免被中央环保部门选中约谈。因此，环保约谈能够抑制相对绩效对环境治理注意力聚焦的负向影响。基于此，本研究提出如下检验假设：

假设 3-3：在其他条件不变的情况下，环保约谈能够抑制相对绩效对环境治理注意力聚焦的负向影响。

环保约谈制度可以通过两个机制减少省市间的共谋，减弱向上嵌入对环境治理注意力聚焦的负向影响。首先，中央环保部门直接跨越行政层级对市县级政府负责人进行约谈，使环境治理问责压力绕过省级政府直接施加于市县政府上，这有助于缓解环保监督权在多层级委托代理下的“层层递减”问题，给地市主政官员带来更大的压力。（冯贵霞，2016）其次，约谈过程和结果向全社会公开，容易引发媒体和公众的高度关注，形成强大的社会舆论监督压力。中央环保部门和社会舆论施加的外部压力有利于震慑省市间的共谋，降低了向上嵌入的保护功能，从而减弱向上嵌入对环境治理注意力聚焦的负面影响。基于此，本研究提出如下假设：

假设 3-4：在其他条件相同的情况下，环保约谈可以抑制向上嵌入对环境治理注意力聚焦的负面影响。

（二）环境治理制度环境结构性突变的调节效应

自党的十八大以来，生态环境保护工作已成为更重要的议事日程，并在经济社会发展中备受关注，获得更多的话语权。2013 年 11 月 12 日，《中共中央关于全面深化改革若干重大问题的决定》通过，该决定从中国特色社会主义事业“五位一体”总体布局的战略高度，对推进生态文明建设、构建生态文明制度体系进行了全面安排和部署。同时，国务院也高度重视这一问题，自2013年下半年起相继颁布实施了《大气污染防治行动计划》《水污染防治行动计划》《土壤污染防治行动计划》，提出了具体的环境治理目标和严格的措施。同年12月，中组部发布了《关于改进地方党政领导班子和领导干部政绩考核工作的通知》，提出不能仅仅把地区生产总值及增长率作为考核评价政绩的主要指标，不能只搞地区生产总值及增长率排名，同时要强化约束性指标考核，加大环境保护等指标的权重。2014年国务院工作报告中明确表示："我们要像对贫困宣战一样，坚决向污染宣战。"2014年4月24日，新修订的被称为"史上最严环保法"的《环境保护法》公布，并于2015年1月1日开始实施。

在环境监督方面，中央也采取了一系列严格的新举措。2015年，中央环保督察将地方各级党政领导干部纳入督察范围，强调"党政同责、一岗双责"，要求加强地方党委在环境治理中的责任，并将环保统筹整合到党政各部门的职能中，真正把环保贯穿到工作的各个方面。2018年，中央全面深化改革委员会第一次会议审议了《关于第一轮中央环境保护督察总结和下一步工作考虑的报告》，强调要以解决突出环境问题、改善环境质量、推动经济高质量发展为重点，夯实生态文明建设和环境保护政治责任。

因此，可以说，环境治理制度在2013年前后经历了结构性变革，中央政府显著提高了对环境治理议题的重视，向地方政府发出了持续而强烈的信号：各级地方政府需要更加重视环境治理，环境污染治理制度约束趋紧将常态化。这种制度环境的结构性突变可能会改变相对绩效与向上嵌入对环境治理聚焦的影响。

首先，制度环境结构性突变对相对绩效效应的影响。在2013年以前，尽管环境治理是地方官员考核指标的组成部分，但在提及考核指标的相关文件中,经济增长指标始终位列首位。（张军等，2020）因此，环境治理责任体系很少影响官员的核心利益（Bo，2017），难以为地方官员提高环境治理关注度提供重大激励（Tang，Liu，& Yi，2016）。然而，在2013年后，中央提高了环境保护指标的权重，降低了GDP增速等经济发展指标的权重。（张军等，2020）这可能会减弱经济发展相对绩效的作用，导致地方官员减少环境治理注意力来推动经济发展的意愿降低。基于此，本研究提出如下研究假设：

假设3-5：相比2013年及以前，2013年后相对绩效对环境治理注意力聚焦的负向影响会降低。

其次，制度环境结构性突变对向上嵌入效应的影响。制度环境结构性突变对向上嵌入效应影响可能有两个方面的机制：一是中央垂直监管的增加对省市在环境治理领域共谋的震慑。2013年后，中央通过环保督察等方式加强了对地方环境治理的监管，从而震慑了省市间的共谋，使向上嵌入失去了在环境治理上的保护作用,减弱了其对环境治理注意力聚焦的负向效应。二是政策议题优先性排序信号的传递。2013年后，中央政府领导人在多个场合明确表达了环境治理的重要性，为下级政府传达了明确的信号。在这种情况下，省政府领导可能会提高环境治理议题在政策空间中的优先性。（王印红和李萌竹，2017）然而，在科层体系信息传递中，存在着层级之间的信息不对称。上级所发送的改善环境治理的信号是可信的还是象征性的？相对于其他官员，向上嵌入的城市主政官员可以通过非正式渠道与上级领导进行沟通，具有更低程度的信息不对称（Jiang & Wallace，2017），更容易与省政府在政策优先性上取得一致

（Toral，2019），更果断地调整环境治理注意力聚焦水平，以顺应中央和省政府政策优先性的调整。基于此，提出如下研究假设：

假设 3–6：相比 2013 年及以前，2013 年后向上嵌入对环境治理注意力聚焦负面影响会降低。

表 3.4 中展示了延展分析的相关结果。模型（1）呈现了“环保约谈”对相对绩效和向上嵌入影响的调节效应。检验结果显示，在 5% 的显著水平上，环保约谈与相对绩效交互项的系数不显著。这表明，环保约谈无法减弱经济增长率相对绩效对环境治理注意力聚焦的负向影响。因此，研究假设 3–3 并没有得到证实。这可能是因为对地方主政官员而言，GDP 增长率省内排名靠前所带来的强激励作用大，而环境治理有较强的滞后效应，环保约谈也主要是针对已经发生的环境问题，属于事后解决的临时应急“末端治理”方式（何伟日，2016），对可能晋升的地方主政官员来说难以有较强约束力。而“环保约谈”与向上嵌入的交互项系数等于 0.817，在 10% 的水平上显著。这表明环保约谈仅能有限地减弱向上嵌入对环境治理注意力聚焦的负向影响。因此，对于研究假设 3–4，目前仅部分得到验证。

表 3.4 环保约谈与制度环境结构性突变的调节效应

变量名	(1)	(2)
	F. 环保聚焦	
向上嵌入	–0.230***	–0.326***
	(–2.705)	(–3.282)
相对绩效	–0.087**	–0.076*
	(–2.176)	(–1.832)
嵌入约谈交互	0.817*	—
	(1.729)	

续表

变量名	(1)	(2)
	F. 环保聚焦	
绩效约谈交互	0.171	—
	(0.707)	
嵌入 2013 交互	—	0.353**
		(2.152)
绩效 2013 交互	—	–0.075
		(–0.977)
城市特征	是	是
城市环境污染	是	是
官员特征	是	是
其他政策议题	是	是
常数项	–41.585**	–40.444**
	(–2.290)	(–2.201)
年份固定	是	是
城市固定	是	是
省份 – 年份固定	是	是
R^2	0.606	0.607
城市数	280	280
样本量	2833	2833

注：括号内为城市层面的聚类稳健标准误，***、**、* 分别表示在 1%、5%、10% 的水平上显著。

在借鉴张军等人（2020）对 GDP 增速结构性下调研究的基础上，本研究引入表征制度环境结构性突变的哑变量，并利用其与相对绩效和向上嵌入的交互项，来考察制度环境结构性突变所带来的注意力聚焦机制变化。根据前文对十八大后环境政策的分析，发现中央在 2013 年下半年出台了大量环境治理政策。因此，本研究将 2013 年确定为制度环境结构性突变的关键年份，取 2013 年后为 1，2013 年及之前为 0。

表 3.4 中，模型（2）列举了环境治理制度环境结构性突变的调节效应。相对绩效与结构性突变哑变量交互项系数为 -0.075，在 5% 的水平上并不显著。这表明，2013 年后的制度环境突变并未影响到 GDP 增长率相对绩效对环境治理注意力聚焦的负面效应。因此，假设 3-5 未得到验证。张军等人（2020）发现在省级层面，2013 年后 GDP 增速指标在官员考核中的作用减弱，而环保指标的作用在加强。但 Jiang et al.（2020）利用市级层面数据发现，虽然环境治理对市委书记晋升影响在增加，但经济绩效仍然占据主导地位。中央生态环境保护督察组在督察中也发现，有的市州并未将绿色发展约束性指标落实，继续考核 GDP 等经济指标。（中国青年报，2020）

向上嵌入与结构性突变哑变量交互项系数为 0.353，并在 5% 的水平上显著。这表明，2013 年制度环境结构性突变能够有效抑制向上嵌入对环境治理注意力聚焦的负向影响。因此，假设 3-6 得到了验证。

四、稳健性分析

（一）利用 Tobit 模型进行稳健性检验

考虑到被解释变量“环境治理注意力聚焦”处于 0~100 之间，属于“受限被解释变量”，本研究采用面板 Tobit 模型对结果进行了稳健性检验。

表 3.5 列举了 Tobit 模型的检验结果。结果显示，向上嵌入和相对绩效对城市政府环境治理注意力聚焦有显著的负向影响，而环保约谈能够有效抑制向上嵌入对城市政府环境治理注意力聚焦的负向影响，但无法抑制相对绩效的负向效应。2013 年后，环境治理制度环境结构性突变能够抑制向上嵌入的负向效应，

对相对绩效的负向效应则没有影响。因此，即使在考虑环境治理注意力聚焦取值受限的情况下，本研究的主要结论仍然保持稳健。

表 3.5 利用 Tobit 模型进行稳健性检验

变量名	(1)	(2)	(3)
	F. 环保聚焦		
向上嵌入	−0.152**	−0.170***	−0.346***
	(−2.480)	(−2.739)	(−4.202)
相对绩效	−0.075***	−0.078**	−0.066*
	(−2.622)	(−2.702)	(−1.845)
嵌入约谈交互	—	0.676**	—
	—	(2.252)	—
排名约谈交互	—	0.101	—
	—	(0.511)	—
嵌入 2013 交互	—	—	0.395***
	—	—	(3.537)
排名 2013 交互	—	—	−0.023
	—	—	(−0.406)
常数项	−40.213***	−40.587***	−37.328***
	(−3.145)	(−3.176)	(−2.917)
年份虚拟变量	是	是	是
城市虚拟变量	是	是	是
省份 – 年份虚拟	是	是	是
样本量	2833	2833	2833

注：（1）***、**、* 分别代表 1%、5% 和 10% 的显著水平；（2）括号中为标准误。

（二）剔除可能具有特殊政治地位的副省级城市

考虑到副省级城市的特殊政治地位，例如副省级城市的主要领导级别都是副部级，职务列入《中共中央管理的干部职务名称表》，其职务任免由省委报中共中央批准，与普通城市市委书记与省委书记间关系存在显著不同。为此，我们排除了沈阳市、大连市、长春市等15个副省级城市，以检验基准结果是否因为副省级城市的特殊政治地位和干部任命方式而改变。表3.6展示了排除副省级城市后的主要结果。

表3.6的模型（1）中，排除副省级城市的基准模型发现，相对绩效仍然在5%的水平上仍然显著为负，向上嵌入的系数仍然为负，在10%的水平也显著不等于0，与基准结果基本一致，表明本研究基准模型中的结论基本稳健。模型（2）中，排除副省级城市后，约谈使具有向上嵌入的地区提高了环境治理注意力聚焦，并在10%的水平上显著。而环保约谈与相对绩效的交互仍然不显著。在模型（3）中，排除副省级城市后，检验2013年后制度环境突变的调节效应发现，制度环境突变哑变量与GDP增长率相对绩效的交互项仍然不显著，与向上嵌入的交互项系数为0.385，并在5%的水平上显著。

分析结果表明，在排除具有特殊政治地位的副省级城市后，本研究的主要结论基本保持一致，表明本研究的结果基本稳健。

表3.6 对环境治理注意力聚焦的影响（不含副省级城市）

变量名	(1)	(2)	(3)
	F. 环保聚焦		
向上嵌入	-0.178^{*}	-0.192^{**}	-0.298^{***}
	(−1.959)	(−2.106)	(−2.764)
相对绩效	-0.085^{**}	-0.086^{**}	−0.062
	(−1.996)	(−2.029)	(−1.372)
嵌入约谈交互	—	0.906^{*}	—
	—	(1.759)	—
排名约谈交互	—	0.168	—
	—	(0.634)	—
嵌入2013交互	—	—	0.385^{**}
	—	—	(2.192)

续表

变量名	(1)	(2)	(3)
	F. 环保聚焦		
排名 2013 交互	—	—	–0.078
	—	—	(–0.970)
城市特征	是	是	是
城市环境污染	是	是	是
官员特征	是	是	是
其他政策议题	是	是	是
常数项	–25.591	–25.246	–23.096
	(–1.236)	(–1.220)	(–1.109)
年份固定	是	是	是
城市固定	是	是	是
省份 – 年份固定	是	是	是
R^2	0.606	0.606	0.607
城市数	265	265	265
样本量	2662	2662	2662

注：括号内为城市层面的聚类稳健标准误，***、**、* 分别表示在 1%、5%、10% 的水平上显著。

（三）基于主题数量为 15 的 LDA 模型进行稳健性检验

如前文所述，当主题数量为 15 时，模型一致性开始由快速增长变得比较平稳。因此，本研究选择主题数量为 15 的 LDA 模型输出结果来进行稳健性检验，以确定本研究结论是不是主题数量为 30 的 LDA 模型输出结果的特例。

表 3.7 展示了主题数量为 15 的 LDA 模型输出结果的关键词。对比主题数量为 30 的 LDA 模型输出结果，主题为 15 的 LDA 模型产生的主题颗粒度更粗，有些议题的区分并不明确。例如，主题 1 涵盖了教育与医疗两个议题，而主题 12 未能明确区分项目建设与基础建设。然而，对于环境治理议题而言，主题数为 15 和主题数为 30 的 LDA 模型结果高度相似。主题数为 30 的

LDA 模型中的环境治理主题关键词前 10 分别为“生态，污染，环保，环境保护，绿色、重点，国家，环境，生态环境，企业”，而主题数为 15 的 LDA 模型的关键词前 10 为“生态，重点，污染，国家，环保，环境，环境保护，绿色，生态环境，城市”。两者之间除了企业和城市两词外，前 10 的关键词几乎一致，表明环境治理主题具有较高的识别度。

综上所述，相比主题数量为 15 的 LDA 模型，选取主题数量为 30 的 LDA 模型作为基准模型更为合理。鉴于环境治理主题的较高识别度，利用主题数量为 15 的 LDA 模型可以进一步验证研究结论的稳健性。

表 3.7 主题数量为 15 的 LDA 输出结果的关键词

主题	主题名	主题前 10 关键词
主题 0	体制改革	改革，企业，深化，制度，机制，政府，融资，金融，体制，资金
主题 1	教育医疗	教育，工作，学校，水平，义务教育，人才，农村，医疗，服务，公共
主题 2	社会管理	社会，工作，群众，管理，深入开展，活动，机制，依法，能力，监管
主题 3	环境治理	生态，重点，污染，国家，环保，环境，环境保护，绿色，生态环境，城市
主题 4	第三产业	服务业，消费，物流，服务，商贸，旅游，培育，金融，电子商务，大力发展
主题 5	社会保障	农村，群众，生活，标准，工作，城乡，制度，政策，困难，城乡居民
主题 6	农业发展	农业，农村，农民，基地，农产品，生产，特色，面积，龙头企业，现代农业
主题 7	招商贸易	招商引资，项目，企业，国际，经济，对外开放，出口，国家，战略，投资

续表

主题	主题名	主题前 10 关键词
主题 8	依法行政	政府，工作，群众，监督，制度，行政，服务，依法行政，能力，机制
主题 9	困难不足	工作，经济，代表，经济社会，精神，战略，困难，领导，中央，群众
主题 10	旅游业	旅游，景区，中国，特色，品牌，文化产业，旅游业，国际，产业，国家
主题 11	宏观经济	生产总值，投资，社会，年均，固定资产，地区，消费品零售总额，财政，规模，同比
主题 12	项目与基建	项目，投资，公路，高速公路，基础设施，重点，工作，前期工作，重点项目，资金
主题 13	产业升级	企业，产业，项目，重点，园区，基地，科技，培育，规模，国家
主题 14	城市规划建设	城市，规划，功能，重点，启动，城乡，道路，城镇化，综合，基础设施

表 3.8 列举了基准模型和扩展分析中的所有模型结果。模型（1）基准回归发现，相对绩效和向上嵌入系数仍然为负，且在 5% 的水平上显著。模型（2）对环保约谈稳健性的检验发现，在基于主题数量为 15 的 LDA 模型下，环保约谈与向上嵌入交互项系数在 5% 的水平上显著为负，表明环保约谈能减弱向上嵌入对环境注意力聚焦的负向影响，但对相对绩效的影响仍然不显著。模型（3）的稳健性检验发现，制度环境结构性突变可以显著减弱向上嵌入的负向影响，但对相对绩效无显著影响。因此，在利用主题数量为 15 的 LDA 模型结果进行分析时，本研究的主要结果基本保持一致，验证了结果的稳健性，并非主题数量为 30 的 LDA 模型所产生的特殊结果。

表 3.8 对环境治理注意力分配的影响
（基于主题数量为 15 的 LDA 模型）

变量名	(1)	(2)	(3)
	F. 环保聚焦		
向上嵌入	−0.191**	−0.206**	−0.341***
	(0.049)	(0.037)	(0.003)
相对绩效	−0.106**	−0.106**	−0.086*
	(0.018)	(0.019)	(0.059)
嵌入约谈交互	—	1.083**	—
	—	(0.029)	—
排名约谈交互	—	−0.051	—
	—	(0.844)	—
嵌入 2013 交互	—	—	0.483**
	—	—	(0.012)
排名 2013 交互	—	—	−0.070
	—	—	(0.417)
城市特征	是	是	是
城市环境污染	是	是	是
官员特征	是	是	是
其他政策议题	是	是	是
常数项	−57.867***	−56.679***	−55.288***
	(0.006)	(0.007)	(0.009)
年份固定	是	是	是
城市固定	是	是	是
省份 – 年份固定	是	是	是
R^2	0.559	0.559	0.561
城市数	280	280	280
样本量	2833	2833	2833

注：括号内为城市层面的聚类稳健标准误，***、**、* 分别表示在 1%、5%、10% 的水平上显著。

五、影响机制的证据

前文分析显示，相对绩效和向上嵌入对城市政府环境治理注意力聚焦有显著的负面影响。本部分旨在提供关于这一影响机制的部分证据，即向上嵌入使城市政府更容易通过修改数据等非正式方式来规避环境考核，而经济增长率相对绩效排名靠前的城市则更倾向于追求经济增长以保持在绩效考核中的优势地位。

（一）向上嵌入影响机制的证据

1. 向上嵌入与环境监测数据偏差

我们利用其他数据来源构建了城市政府环境监测数据偏差程度指数。参考相关研究对环境监测数据偏差程度的测量方法（卢盛峰，陈思霞和杨子涵，2017；Tang et al.，2022），本研究使用官方数据除以卫星测量数据后取对数得到该市空气污染数据偏差指数。

关于 PM2.5 数据，由于我国自 2013 年底开始在部分城市进行 PM2.5 的监测，直到 2015 年才开始在所有城市进行监测。因此，自 2015 年开始才有所有城市的官方数据。官方数据来源于空气质量在线监测分析平台公布的历史数据 。而 PM2.5 卫星数据则来自美国华盛顿大学大气成分分析组所提供的区域平均 PM2.5 数据集，该数据集通过将美国宇航局 MODIS、MISR 和 SeaWiFS 设备测得的气溶胶光学厚度（AOD）与 GEOS-Chem 化学转移模型相结合，并利用地理加权回归（GWR）校准，相对准确地估计了地面 PM2.5。（van Donkelaar，Hammer，Bindle，Brauer，Brook，et al.，2021）

针对 2005 年至 2014 年缺失的数据，本研究采用已有研

究计算的 SO_2 监测数据偏差指数。（Tang et al., 2022）该指数利用统计局发布的工业 SO_2 排放量与欧洲航天局地球排放项目利用卫星数据测算的年度 SO_2 排放数据相除，再取对数得到。工业 SO_2 排放量占总排放量的 85% 以上（贾锋平和王刚，2017），是主要的空气污染排放物（中国工程院和环境保护部，2011）。因此，用工业 SO_2 排放量来表示环境污染水平是恰当的。（盛斌和吕越，2012）SO_2 也是政府重点考核的指标，如“十一五”期间要求工业 SO_2 排放量要削减 10%，“十二五”节能减排目标则主要包括国内生产总值能耗、化学需氧量、二氧化硫排放量、氨氮和氮氧化物排放量的下降等。这使得地方政府有足够的动力控制工业 SO_2 排放数据。相关研究表明，SO_2 排放呈现出明显的政治周期，党代会、五年规划等重大周期性政治事件对城市 SO_2 排放量有重要影响。（郑石明，2016）因此，利用 SO_2 数据可以相对有效地衡量城市空气污染监测数据的偏差。

表 3.9 中的模型（1）和模型（2）展示了相关回归结果。从表中可以看出，向上嵌入对 SO_2 监测数据偏差在 1% 的水平上显著为负，这表明那些向上嵌入的城市，其 SO_2 监测数据偏差较大，越倾向于减少官方 SO_2 数据。对 PM2.5 监测数据的偏差，也在 10% 的水平上显著。这说明具有向上嵌入的城市更倾向于降低官方 PM2.5 数据。而相对绩效对 SO_2 监测数据偏差没有显著影响，在 1% 的水平上对 PM2.5 监测数据偏差显著为负，表明在 2015 年开始监测 PM2.5 后，那些经济增长率排名靠前的城市，也倾向于降低官方 PM2.5 值，从而导致 PM2.5 监测数据偏差增加。

2. 市厅共嵌对环境治理注意力聚焦和监测数据偏差的影响

在“条块”行政体制中，“条”指的是从中央到地方各级政府中业务性质相同的职能部门，体现了专业管理。省级生态环境厅（原环境保护厅，后都统一称生态环境厅）负责环境保护的行政工作，监督各城市环境保护工作实施，并负责环境治理信息的上传下达。获得省级生态环境厅的支持对城市政府规避中央政府检查的至关重要。当省级生态环境厅的行政负责人和城市主政官员都向上嵌入于省社会网络时，他们共同的社会网络背景有利于拉近彼此的关系，促使省生态环境厅为该市提供更多的保护。（Tang et al.，2022）因此，可以合理预期，当省生态环境厅行政负责人与城市主政官员共同向上嵌入省领导社会关系网络（以下简称“市厅共嵌”）时，该市政府环境治理注意力聚焦会降低，更倾向于进行减少官方数据。

为此，本研究收集整理了 2005 年至 2019 年各省级生态环境厅厅长的上任数据，同样借鉴既有研究对上下级非正式关系的定义（Jiang，2018），如果生态环境厅是在省委书记任内首次从省内被提拔为省政府组成部门负责人，则表示该生态环境厅厅长向上嵌入了该省委书记社会网络中。若生态环境厅厅长与市委书记都向上嵌入同一省委书记社会网络中，则市厅共嵌的取值为 1，否则为 0。

表 3.9 中的模型（3）、（4）、（5）列举了市厅共嵌对城市政府环境治理注意力聚焦和空气质量监测数据偏差的影响。从模型 3 可见，市厅共嵌对城市政府环境治理注意力聚焦有显著负向影响，表明当省生态环境厅行政负责人和城市主政官员同时向上嵌入于时，城市倾向于降低环境治理注意力聚焦水平。模型 4 和模型 5 也表明，市厅共嵌对 SO_2 和 PM2.5 监测数据偏差都有显著负面影响，这表示当省生态环境厅行政负责人和城市主政官员同时向上嵌入时，城市政府更可能降低官方汇报数

表 3.9 向上嵌入影响机制的证据

变量名	(1)	(2)	(3)	(4)	(5)
	$lnManSO_2$	lnManPM2.5	F. 环保聚焦	$lnManSO_2$	lnManPM2.5
向上嵌入	–0.015***	–0.010*	—	—	—
	(–3.081)	(–1.906)	—	—	—
市厅共嵌	—	—	–0.261***	–0.010**	–0.013**
	—	—	(–2.626)	(–2.237)	(–2.387)
相对绩效	–0.000	–0.009***	–0.096**	–0.000	–0.009***
	(–0.128)	(–2.759)	(–2.561)	(–0.097)	(–2.727)
城市特征	是	是	是	是	是
环境污染	是	是	是	是	是
领导特征	是	是	是	是	是
其他议题	否	否	是	否	否
年份固定	是	是	是	是	是
城市固定	是	是	是	是	是
R^2	0.999	0.814	0.626	0.999	0.816
城市数	250	262	284	250	262
样本量	2141	1173	3254	2141	1167

注：括号内为城市层面的聚类稳健标准误，***、**、* 分别表示在 1%、5%、10% 的水平上显著。

据。相对绩效对 PM2.5 监测数据偏差也有显著影响，但对 SO_2 监测数据偏差则没有显著影响。

本研究认为，向上嵌入为政府共谋提供了基础，使城市政府可以用修改数据等非正式方式规避环境治理考核，让其不用担忧环境治理考核而降低环境治理注意力聚焦。本部分从两个方面提供了初步证据支持：一是那些具有向上嵌入关系的城市更可能降低空气污染数据；二是当负责数据收集、查验和考核的省生态环境厅负责人也与城市主政官员共同向上嵌入时，进一步便利了政府间“共谋”，使城市政府降低对环境治理注意力的聚焦，增加其降低官方空气污染数据的程度。

（二）相对绩效与经济增长目标

基准研究表明，GDP 增长率相对绩效排名靠前的城市政府倾向于降低环境治理注意力聚焦水平。本研究认为，在晋升锦标赛模式下，城市在横向 GDP 增长率竞争性排名中获得好名次，意味着城市主政官员有更高的晋升预期，进而追求更高的经济增长目标，以维持相对绩效排名优势，从而降低环境治理的注意力聚焦。因此，可以预计，相对绩效排名更高的城市政府会制定更高的经济增长目标。

为验证相对绩效对经济增长目标的影响，本研究从城市政府工作报告中整理得到了 2005 年至 2019 年地级市的经济增长目标。我们期望发现，GDP 增长率排名靠前的城市倾向于在来年制定一个更高的经济增长目标，以维持在 GDP 增长率相对绩效竞争中的排名，保持自身晋升优势。

表 3.10 列举了相对绩效与城市政府经济增长率目标设定的估计结果。其中，模型 1 的因变量为来年政府工作报告中所设定的经济增长率目标值，模型 2 因变量为经济增长率目标设定值省内标准化排名，模型 3 因变量为经济增长率目标省内标准化排名是否高于该省省内平均排名，高于则取值为 1，否则取值为 0。从模型 1 至 3 可以看出，向上嵌入对经济增长目标无显著影响，而相对绩效对经济增长目标设定都有显著的正向影

响。这表明，那些 GDP 增长率相对绩效排名靠前的城市，更倾向于制定更高的经济增长目标，使来年经济增长率仍然能够在横向竞争性排名中取得较好名次，以维护自己在晋升锦标赛中的竞争优势地位。

表 3.10 相对绩效与经济增长目标设定

变量名	模型 1	模型 2	模型 3
	F. 增长目标	F. 标准化排名	F. 目标排名前列
向上嵌入	0.086	0.056	0.203
	(1.179)	(1.277)	(1.629)
相对绩效	0.521***	0.405***	1.021***
	(10.595)	(17.479)	(17.017)
年份固定效应	是	是	是
城市固定效应	是	是	是
省份 – 年份固定	是	是	是
R^2	0.859	0.343	—
城市数	278	278	—
样本量	3286	3276	3082

注：括号内为城市层面的聚类稳健标准误，***、**、* 分别表示在 1%、5%、10% 的水平上显著。

本章小结

组织注意力基础观中的注意力聚焦原则指出，政府在环境治理议题的聚焦水平决定了环境治理政策的制定和执行。而组织的规则、资源和内部关系是决策者注意力聚焦的重要影响因素。因此，本研究基于政府科层组织背景，着重探讨了对政府官员职位晋升有重要影响的相对绩效和向上嵌入对城市环境治理注意力聚焦的影响。基于 2005 年至 2019 年的城市面板数据，我们利用多维固定效应模型，在控制城市、时间和省份 – 时间固定效应的基础上，实证检验了这一问题。研究结果表明，相对绩效对城市环境治理注意力聚焦有显著的负向影响。这表明，在晋升锦标赛模式下，GDP 省内排名靠前的城市会更倾向于降低环境治理注意力聚焦，将更多资源投放在经济发展上，以进一步巩固其晋升优势。与此同时，向上嵌入上级官员社会网络也对环境治理注意力聚焦有显著的负向影响。尽管环保约谈和 2013 年后制度环境结构性突变可以减弱向上嵌入导致的负面影响，但无法抑制相对绩效的负向影响。

通过利用 Tobit 模型考虑因变量可能受限、去除具有特殊政治地位的副省级城市并利用主题数为 15 的 LDA 模型输出结果，对本研究的主要结论进行了稳健性检验。结果显示，研究结论基本稳健。在可能的机制分析方面，我们发现，向上嵌入主要通过增进省市共谋，使得拥有向上嵌入关系的城市政府能够通过修改数据等非正式方式规避环境治理考核，从而降低了环境治理的注意力聚焦水平。而经济增长率相对绩效排名靠前使城市政府倾向于制定更高经济增长目标，从而挤出环境治理注意力聚焦。

因此，本章研究有助于进一步理解科层制规则和内部关系对城市政府环境治理注意力聚焦的影响，也有助于我们更细致地评估环保约谈和环境治理制度对环境改变的政策效果，对我国环境治理政策的制定和规制实践都具有重要的借鉴意义。

第四章

相对绩效、向上嵌入对环境治理注意力权衡的影响

在上一章中，我们分析了相对绩效和向上嵌入对城市环境治理注意力聚焦的影响，发现这两者会降低城市对环境治理的注意力聚焦。进一步分析发现，环保约谈和制度环境结构性突变对此产生了抑制效应，增加了城市政府对环境治理的注意力聚焦。因此，随之而来的问题是：少了的注意力转移到了哪里，多出来的注意力又从哪里转移而来。

经济建设与环境治理的权衡一直是地方政府面临的重要而困难的问题。（邓慧慧和杨露鑫，2019）在现实治理场景中，地方政府“重发展、轻保护”问题一再被环保督察组所提及。2017 年 8 月，中央第三批环保督察组在对天津、山西、辽宁、安徽、福建、湖南、贵州等 7 省的督察中指出：地方政府“重发展、轻保护的情况”的情况仍然普遍存在。同年 12 月，中央第四批环保督察组对吉林、浙江、山东、湖南、四川、西藏、青海、新疆等 8 省（自治区）进行督察后再次反馈：“重发展、轻保护的观念没有转变过来。”

然而，权衡不仅发生在经济建设与环境治理之间，在有限的注意力空间下，不同议题间注意力分配呈现出一种零和博弈。（Zhu，1992）增加对某一个议题的关注度会导致其他议题的关注度相应减少。这种对某一议题的关注导致对其他政策议题的忽视，即注意力的权衡问题。（赖诗攀，2020）在治理过程中，决策者必须经常在经济建设与民生保障、旅游开发与文化保护等议题之间做出艰难的权衡。

政治与政策学者很早就注意到了政府注意力权衡现象，

发现组织决策者在认知（simon，1957）和资源（Jones & Baumgartner，2005b）有限、政策议题相互依存（Baumgartner & Jones，1993）的约束条件下分配自身的注意力，对某个议题的关注可能会挤掉对其他议题的关注（Jennings，Bevan，Timmermans，et al.，2011）。既有研究发现，增加对核心议题的关注会导致对其他议题注意力的削减，但这种削减是中等规模的，一般不会直接将该议题直接挤出政策议程。由于信息影响的非对称性反应，与政府核心议题相关信息的增加会提升对该议题的关注，同时挤出其他非核心议题。（Jennings，Bevan，Timmermans，et al.，2011）然而，现有研究仅停留在利用各类议题在议程中所占比重的变化来描述议题间的权衡，对政府注意力权衡的机制尚缺乏分析。

地方政府治理行为研究也注意到了这种权衡问题，发现在资源约束和考核制度规制下，地方政府倾向于对不同任务采取选择性执行（O'Brien & Li，2017）或选择性应付（杨爱平和余雁鸿，2012），将更多资源用于更具政绩显示度的经济发展（傅勇和张晏，2007；何艳玲等，2014）或路桥支出上（赖诗攀，2020）。然而，现有研究或采用"ROCOA"模式导致难以估计注意力权衡影响因素，或仅聚焦于两项议题之间的权衡，导致理论分析脱离政府决策现实，并使估计模型缺乏效率。（Adolph et al.，2020）

基于此，本部分利用成分数据处理方法和似不相关回归模型，在全面考虑注意力空间内其他所有议题的情况下，实证检验了相对绩效、向上嵌入等因素对环境治理与其他政策议题间的注意力权衡的影响。本章结构安排如下：第一节在对相对绩效和向上嵌入与注意力权衡机制进行分析的基础上，提出相关研究假设；第二节介绍了本章实证检验的方法和数据；第三节展示了本部分实证研究结果及其稳健性检验；最后对本章进行了总结。

第一节　环境治理注意力权衡机制和研究假设

一、多任务情境下的注意力权衡

在“委托方—管理方—代理方”多任务发包的科层体系中，城市政府作为代理方需要履行多重任务与职能。（周黎安，2014）政府在治理实践中将职能划分为“经济建设、政治建设、文化建设、社会建设、生态文明建设”五项基本职能。（邓雪琳，2015）2012 年 11 月，党的十八大报告明确提出，“建设中国特色社会主义……总布局是五位一体”，要“全面落实经济建设、政治建设、文化建设、生态文明建设五位一体总体布局……不断开拓生产发展、生活富裕、生态良好的文明发展道路”。（新华网，2012）

因此，本研究将政府主要任务职能划分为政治建设、经济建设、社会建设、文化建设和环境治理五项职能。对于城市政府而言，政治建设职能是政府为了维护政治系统的稳定与效率而实施的行政体制机制改革、党风廉政建设、民主法治建设等；经济建设职能是政府对经济生活进行管理的职能，包括促进经济增长、宏观调控经济、促进农业现代化等；社会建设职能是政府为了对内维护社会秩序、实现社会公平而发展的社会福利保障、社会救助、医疗卫生等事业；文化建设职能是指政府为满足公众精神文化生活需要而对教育、精神文明、文化艺术等实施管理的职能；环境治理则是指政府为防治环境污染和防止生态破坏，维持自然生态平衡而采取的环境保护措施与行动的职能。（燕继荣，2013；邓雪琳，2015）

在这些任务职能中，中央政府作为委托方希望代理方能够坚持“五位一体”统筹发展，形成经济富裕、政治民主、文化繁荣、社会公平和生态良好的发展格局。（《新华每日电讯》，2012）然而，在注意力空间、人力财力等资源有限的情况下，地方政府必然需要对不同任务职能进行取舍和权衡。（周黎安，2016）在“委托方—管理方—代理方”多任务发包科层体系中，常常采用上级指定任务目标、下级政府调动自身财政和其他资源完成。这种“上级点菜，下级买单”的运作机制，使得负责政策执行的城市政府（代理方）直接面临严格的财力和人力约束，迫使其根据自由裁量权对上级政府发包的不同任务职能进行取舍与权衡，产生“选择性执行”和“选择性应付”等策略行为。（O'Brien & Li，2017；杨爱平和余雁鸿，2012）

基于“委托方（中央政府）—管理方（省级政府）—代理方（市级政府）”构成的多任务发包科层组织结构，城市政府作为代理方需要负责中央发包、省政府细化转包的政治、经济、社会、文化、生态环境等多项任务的执行，并在注意力空间固定的约束下进行任务间的取舍权衡。在目标管理责任制和横向竞争性晋升制度下，任务间的注意力权衡直接关系到综合治理绩效排名，最终影响自身职位升迁。而在较长时间内，经济增长在绩效排名考核中都占据重要地位，是上级政府对下级官员的重要奖励机制，即所谓的“晋升锦标赛”。此外，在下管一级的干部人事管理制度中，直接上级领导决定着官员的职位升迁，向上嵌入上级官员社会网络能够获得上级的物质和非物质资源支持（Jiang & Zeng，2020；Jiang & Zhang，2020），降低职业生涯风险（Jiang，2018；Tang et al.，2022），是下级官员追求晋升和安全的必要条件（Pye，1995）。因此，在既有科层组织规则下，相对绩效与向上嵌入都是城市政府主政官员职位晋升的重要影响因素，可能对城市政府在多任务情境下的注意力权衡产生重要影响。基于此，本研究从相对绩效和向上嵌入两个维度建立城市环境注意力权衡分析框架（具体见图 4.1）。

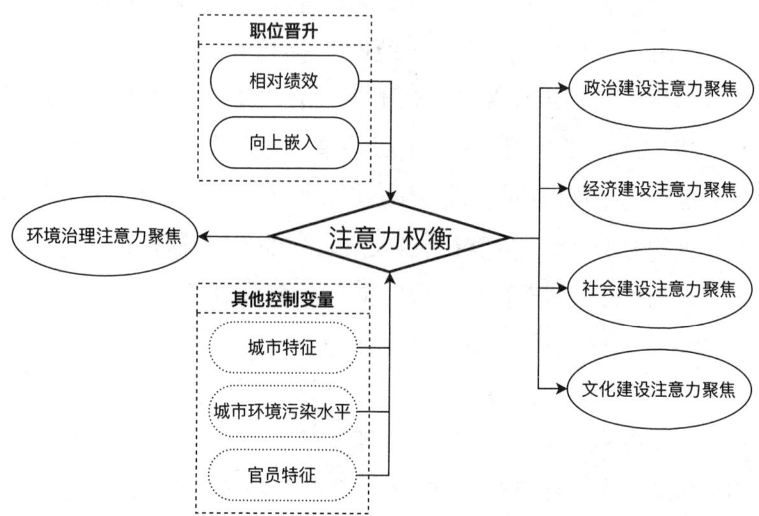

图 4.1 城市政府环境治理与其他议题间的注意力权衡分析框架

二、相对绩效对环境治理与其他议题间注意力权衡的影响

组织注意力分配基础理论认为，组织规则、资源和内部关系决定了决策者所处情境以及对情境的解读，而决策者所处情境及其对情境的解读又决定了注意力的分配。（Ocasio，1997）在以经济发展为主的晋升锦标赛的模式下（Li & Zhou，2005；

周黎安，2007；罗党论等，2015），城市在 GDP 增长率相对排名考核中取得的较高名次为城市主政官员塑造了这样一个情境：他们拥有相对较高的晋升概率。这可能对环境治理与其他议题间的注意力权衡分别产生以下影响。

首先，环境治理与经济建设之间的注意力权衡。经济发展和环境治理之间存在着著名的环境库兹涅茨曲线，认为在经济起飞初期阶段，由于经济发展导致的资源使用超过了资源再生，更多的经济产出带来的污染排放大量增加，而经济发展所带来的技术效应和结构效应尚不足以弥补规模效应，使得环境逐步恶化。只有当经济发展到新阶段时，技术效应和结构效应才会胜出，环境恶化才会缓解，即人均收入和环境质量之间呈现“倒 U 型”关系。（Grossman & Krueger，1995）由于经济发展起步晚和地区发展不均衡，大部分地区都仍处于拐点之前。（高宏霞，杨林和付海东，2012；宋马林和王舒鸿，2011）因此，处于经济发展与环境保护相冲突的阶段，迫使城市政府主政官员必须面对在经济发展和环境保护之间权衡这一重要而困难的问题。（邓慧慧和杨露鑫，2019）

而以 GDP 为核心的政绩考核体系使这一权衡向经济发展倾斜（周黎安，2004；聂辉华和李金波，2006），GDP 增长率、财政税收、招商引资等经济政绩更容易得到上级领导的认可，获得更大的晋升提拔机会（陈思霞和卢洪友，2014；李永友和张子楠，2017）。相反，环境考核在绩效考核制度中所占权重较低（曾润喜和朱利平，2021），对地方主政官员的晋升帮助不大。

当城市 GDP 在省内排名考核中取得一个较好名次，让城市主政官员在晋升竞争中占据了一个更优位置，拥有了更高的预期晋升概率。更高预期会带来更大的晋升激励（周雪光，2005），使他们愿意进一步发展经济，以保持和扩大自身晋升优势（陈思霞和卢盛峰，2014；李永友和张子楠，2017）。但由于经济发展阶段所决定的经济发展和环境保护之间的内在矛盾性，使得发展经济就需要牺牲环境保护。而环境考核在政府绩效考核中所占权重较低，降低环境治理关注度并不会对晋升产生多大的负面影响。（曾润喜和朱利平，2021）这使得增加经济发展关注度、降低环境治理注意力就成为城市主政官员一个自然而理性的选择。乔坤元、周黎安和刘冲（2014）研究发现，那些 GDP 增长率在中期排名中靠前的城市，会更加积极地吸引一些污染行业的新企业进入。因此，在 GDP 增长率横向排名中取得较好名次的城市，会更加倾向于增加经济建设注意力而降低环境治理关注度。由此，本研究提出如下研究假设：

假设 4–1：在其他条件相同的情况下，GDP 增长率相对绩效排名靠前会使城市政府在环境治理和经济建设权衡中更倾向忽视环境治理。

其次，环境治理与社会建设之间的注意力权衡。对于那些预期自己有更高晋升概率的城市官员来说，其行为可能会体现出两个逻辑：一是“不出事”逻辑。在官员考核体系中，存在着环境保护、计划生育、社会公共安全、维权维稳等“一票否决”的约束性指标（郁建兴等，2016），这给官员晋升带来了巨大风险。但由于环境保护与经济发展存在直接冲突，并可以通过上下级政府间的共谋将其变成“弱排名激励”（练宏，2016b）。因此，社会公共安全、维权维稳等事项成为更关键的约束性考核指标。严重公共安全事故和大规模群体事件爆发会被视为严重的政策失败，可能直接影响官员职业生涯。（Wang & Minzner，2013）针对政府回应性的研究表明，政府会对涉及社会公共安全等的诉求做出更及时的回应以安抚民众。（Chen et al.，2015；Distelhorst & Hou，2017）因此，在晋升有望的情况下，地方官员会倾向于投入更多的注意力在社会建设上，以避免出事导致晋升功亏一篑。二是“好名声”逻辑。正所谓“雁过留声，人过留名”。地方官员通常会加大对扶贫、社会弱势群体的支持，以表现对社会民生的关心，从而塑造自己仁慈爱民的形象。（Jennifer，2019；孟庆国，王友奎和陈思丞，2022）取得较好 GDP 增长率考核排名的官员希望通过增加对社会建设的关注度，塑造自己在社会上的好名声，进一步提高自己的晋升概率。因此，在获得较好考核排名的情况下，相对于对晋升没有多大影响的环境治理，地方官员可能更倾向于关注社会建设，以确保不在社会稳定等“一票否决”的约束性事项上出现问题，并通过提升自己的社会声誉来维持和提高自己的晋升优势。基于以上分析，本研究提出如下实证假设：

假设 4–2：在其他条件不变的前提下，GDP 增长率相对绩效排名靠前的城市政府在环境治理和社会建设的权衡中，更可能提升对社会建设的关注度而相对忽视环境治理。

第三，环境治理与政治建设之间的注意力权衡。在预期晋升概率较高的情境下，地方官员可能并不会增加对政治建设的投入。一方面，对于在省内 GDP 考核排名中靠前的官员来说，重要的是团结动员当地官僚系统，继续推动经济增长，提升政绩。强调廉政作风等政治建设可能会导致“寒蝉效应”，打击当地行政精英的积极性，降低政府治理绩效（Wang，2022），从而损害自身的晋升优势。另一方面，加强体制机制改革、党风廉政建设等政治建设，需要对当地行政精英的利益格局进行调整，风险较高。研究发现，对于那些晋升预期值高的官员，他们更倾向于采取低风险、可预期的体制内方式，以保护自己的政治前途和降低风险。（林雪霏，周敏慧和傅佳莎，2019）因此，在城市 GDP 省内排名较好的情况下，并不会出现政治建设挤压环境治理注意力空间的情况。基于以上分析，本研究提出如下假设：

假设 4–3：在其他条件不变的前提下，GDP 增长率相对绩效排名靠前并不会引发环境治理与政治建设间的注意力权衡。

第四，环境治理与文化建设之间的注意力权衡。文化建设大致可以分为三类：一是精神文明建设；二是教育；三是文化产业发展。精神文明建设难以量化和考核，更多属于象征层面。教育作为一项重要的社会公共服务，但由于见效周期长、溢出效应大，难以在短期内成为显著的政绩。（杨良松，2013）地方政府也往往会为了获得更好的经济发展绩效，而牺牲教育投入。（Keen & Marchand，1997；傅勇，2010；宋冉和陈广汉，2016；徐鹏庆，杨晓雯和郑延冰，2016）至于文化产业发展，由于时间较短，产业总量相对较小，对地方经济拉动能力有限。（张根海和郝立英，2013）因此，无论是精神文明建设、教育还是文化产业发展方面，文化建设对地方官员的晋升激励都较为不足。因此，在 GDP 增长率横向排名竞争中获得较高名次、预期自己有着更高晋升概率的地方官员，可能并不倾向于增加文化建设方面的注意力投入。当然，由于环境治理本身也缺乏激励效应，所以也不会表现出对文化建设注意力的剥夺。基于以上分析，本研究提出如下假设：

假设 4–4：在其他条件不变的情况下，GDP 增长率相对绩效排名靠前并不会引发环境治理与文化建设的注意力权衡。

三、向上嵌入如何影响环境治理与其他议题间注意力权衡

既有研究指出，通过向上嵌入上级官员的社会网络，下级官员可获得以下优势：一是拥有更可信的晋升承诺。在政府

科层组织中，尽管存在相对详细的正式规则与流程，但绩效考核结果并未直接挂钩官员晋升（陶然等，2010；Su，Tao，Xi，& Li，2012），上级官员拥有绩效评估结果的解释权和使用权（Heberer & Trappel，2013），可能会依据自己对下属“能力”与“互信”的综合性考量进行选拔任用（Egorov & Sonin，2011），降低了绩效评估结果与晋升之间的可信度（郁建兴等，2016）。然而，通过向上嵌入上级官员社会网络，可以通过互信提升和声誉机制来提高晋升承诺的可信度。（Jia et al.，2015；Jiang，2018）二是可以获得更多资源支持。在政府现实运作过程中，许多重要的资源动员分配、信息传递、激励和政策执行都是通过非正式社会网络完成的。（周飞舟，2016）通过向上嵌入上级官员社会网络，可以获得更多转移支付等来缓解资源约束。（Jiang & Zhang，2020；Toral，2019）三是拥有更多的职业发展保护。通过向上嵌入上级官员社会网络，下级官员更容易突破正式规则，采取一些不在正式规则范围内的行为。（Ang，2016）例如，面对正式考核制度，向上嵌入上级官员社会网络的地方官员，可以通过非正式谈判（周雪光和练宏，2011）、数据处理（Tang et al.，2022）等方式，规避正式考核带来的职业生涯风险。这些优势使得具有向上嵌入的官员，面临着不同的激励、资源、权威和行为规则空间，形成不同的注意力权衡。

首先，环境治理与经济发展之间的权衡。对于具有向上嵌入的地方官员而言，他们不仅可以获得更多来自上级官员的转移支付、权威等资源以实现经济发展目标（Jiang & Zhang，2020；Shih，2004；Toral，2019），而且由于拥有更可信的晋升承诺，使他们拥有更高的晋升预期，为经济发展赋予更大的优先性（Jiang，2018），因此他们倾向于将更多注意力放在经济发展议题上以提高经济发展的政绩（周雪光，2005）。然而，在环境治理方面，一方面其本身在晋升考核中的影响较小（曾润喜和朱利平，2021）；另一方面，具有向上嵌入的城市官员还可以利用省市间共谋，通过非正式谈判（周雪光和练宏，2011）、数据处理（Tang et al.，2022）等方式，进一步规避环境治理绩效考核。因此，在具有向上嵌入的情况下，可以预期经济发展可能会挤出环境治理的注意力。基于以上分析，本研究提出如下假设：

假设 4-5：在其他条件相同的情况下，向上嵌入会使城市政府在环境治理和经济建设的注意力权衡中忽视环境治理，偏向经济建设。

其次，环境治理与社会建设之间的注意力权衡。正如上面分析可知，向上嵌入能够提升城市官员的晋升预期（Jiang，2018），但前提是地方官员不能在社会稳定等“一票否决”的关键事项上出错。只有在满足这些关键约束性指标时，向上嵌入才能对他们的晋升产生正向影响。（Jia et al.，2015；Li & Gore，2018）这促使城市官员提高对社会公共安全和维持社会稳定等事项的关注度，以避免在任期内发生重大安全事故和群体事件。提高对社会建设的关注度，可以塑造仁慈爱民的形象，提升民众对自己和政府的信任感，让他们更愿意采取体制内的方式表达诉求，降低群体事件爆发的风险。（谢秋山和许源源，2012）此外，向上嵌入带来的资源优势，也缓解了城市官员面临的资源约束（Shih，2004；Jiang & Zhang，2020），使他们能够在不挤压经济发展投入水平的情况下提高民生支出，缓解社会矛盾（Pan，2015；Xian & Qin，2019）。同时，通过与上级官员的联系，他们还可以更有效地克服地方政治行政精英的俘获，能够更有效地推进政策改革来回应弱势民众诉求。（Jiang

& Zeng，2020）因此，向上嵌入上级官员社会网络，不仅增加了城市官员关注社会建设的需要，而且提高了他们关注社会建设、促进社会稳定的能力。基于此，本研究提出如下假设：

假设 4-6：在其他条件相同的情况下，向上嵌入使城市政府在环境治理与社会建设之间的注意力权衡中更倾向于忽视环境治理，偏向社会建设。

第三，环境治理与政治建设之间的注意力权衡。向上嵌入使得城市官员希望加强对民众利益诉求的回应来维持社会稳定。然而，这通常需要推动行政体制机制改革，以克服当地行政和经济精英所构建的利益网络。与其他官员相比，向上嵌入的官员可以从上级官员那里获得更多的权威、财政等资源支持（Shih，2004；Jiang & Zhang，2020；Jiang & Zeng，2020），有资源和权威通过对官员的腐败和渎职行为进行惩治来突破当地精英俘获，从而加强对民众利益诉求的回应以降低社会不稳定风险（Jiang & Zeng，2020）。此外，拥有向上嵌入的地方主政官员，具有更高的晋升预期和向上晋升的雄心（Jiang & Zeng，2020），期望通过政治建设加强自身向下嵌入，在科层组织中建立更稳固的权力基础。（Roback & Vinzant，1994；Carpenter，2020）因此，在可以通过非正式谈判（周雪光和练宏，2011）和数据处理（Tang et al.，2022）等方式来应付环境治理的情况下，政治建设无疑具有更高的优先性。基于此，本研究提出如下实证假设：

假设 4-7：在其他条件相同的情况下，向上嵌入使城市政府在环境治理和政治建设之间的注意力权衡中更容易忽视环境治理，偏向政治建设。

第四，环境治理与文化建设之间的注意力权衡。对于向上嵌入上级官员社会网络的地方官员来说，虽然能够通过上级政府转移支付等方式缓解资源约束，但文化建设难以提供即时有效的政绩回报，使地方官员投入资源加强文化建设的动机较小。此外，环境治理考核在晋升考量中的边缘化（Wang，2021）和向上嵌入导致的环境治理考核作用弱化（周雪光和练宏，2011；Tang et al.，2022），使环境治理也不太会挤压文化建设的注意力空间。因此，可以提出如下研究假设：

假设 4-8：在其他条件相同的情况下，向上嵌入不会引发环境治理与文化建设间的注意力权衡。

第二节 研究设计

一、数据来源

（一）政府注意力分配数据

从政府门户网站、网络搜索引擎和各地方年鉴等渠道，手动收集整理了 2005 年至 2019 年间国务院、省级政府和市级政府共 4864 份工作报告，并利用 LDA 模型进行文本建模，得到了各级政府在各政策议题上的注意力水平，最终形成了地级以上城市 2005 年至 2019 年政府注意力分配非平衡面板数据库。

（二）领导干部数据

领导干部数据来自中国政治精英数据库（CPED），包含了自 20 世纪 90 年代末以来 4000 多名市级、省级和国家级主要领导人的大量传记信息。该数据库提供了每位领导者任职的时间、地点、组织和等级等标准化信息，这些信息主要来自政府网站、年鉴和其他可靠的互联网来源。（Jiang，2018）然而，由于该数据库目前仅涵盖了 2015 年以前的数据，本研究通过择城网、百度百科、人民网领导人数据库等渠道，对2016年至2019年省、市两级主要领导人的数据进行了补充。

（三）环保约谈

通过生态环境部官方网站以及各市政府门户网站、人民网、新华网等权威新闻网站浏览和搜索，收集了2014年至2019年历次环保约谈的数据。

（四）统计年鉴

本研究利用《中国城市统计年鉴》获取了地区生产总值、GDP增长率、地方财政收支、环境污染等与城市经济社会特征、环境污染特征相关的数据。

二、变量测量

（一）议题间注意力权衡

注意力权衡是一个重要指标，研究者早已意识到了议题间注意力权衡的重要性，但缺乏更好的测量方法。（陶鹏，2019）由于财政资源的有限性，在财政支出项目间权衡是财政分配的重要特征。因此，财政支出学者很早就开始探究如何衡量支出项目间的权衡。Garand et al.（1991）利用1948年至1984年间美国各州财政支出数据研究了美国各州政府财政支出权衡。他们利用如下方式来测量各支出项目间是否存在权衡：首先，他们将财政支出项目划分为交通、教育、社会福利和医疗卫生四个类别，并将各支出项目除以总预算支出得出各项目支出份额。其次，利用各州的时间序列数据，在控制其他外生变量的基础上，分别回归分析了每类支出份额与其他三类支出项目份额的关系。如果回归系数为负，则表明该两个支出项目间存在权衡关系。

Berry et al.（1990）对这种模式提出了严厉批评，称其为“ROCOA”（Regress One Category on Another）模式。他们提出了两方面的批评：首先，支出项目间的显著负向关系并不一定代表支出项目间存在权衡。由于支出项目方程间存在的结构性关系,即使在不存在权衡关系的情况下,回归系数也可能呈负值。（Berry，1986）其次，在“ROCOA”模式下，外生变量对支出权衡来说并没有理论意义。在这种模式中，外生变量的系数仅表示外生变量对支出项目份额的影响，而非对支出项目间权衡的影响。因此，在该模型下，外生变量不是影响支出项目间权衡的因素，无法通过这些外生变量建构支出项目权衡的解释理论。（Berry & David Lowery，1990）

为此，Berry et al.（1990）提出了一种衡量支出权衡的替代方法，即以 A、B 项目对资金池瓜分的比重来衡量竞争程度。通过该方法，学者对美国联邦（Berry & David Lowery，1990）和各州政府（Nicholson-Crotty et al.，2006）支出项目权衡进行了分析检验。赖诗攀（2020）运用该方法衡量了城市路桥与排水间的支出权衡。该方法能够更科学地衡量两个支出项目间的权衡,并且可以通过加入外生变量来建构支出权衡的理论解释。然而，该方法仍然存在一个明显缺点：认为只有两个支出项目在某资金池中权衡取舍，不涉及第三个项目。（Berry & David Lowery，1990；Yu et al.，2019）然而在现实中，权衡可能不仅发生在两个项目之间，还包含与其他项目之间的权衡。例如，在考虑经济发展与环境治理支出权衡时，利用上述方法就需要假定政治建设、社会建设等其他议题与这两者独立。但这种假定可能并不符合政府决策的实际情况。（Adolph et al.，2020）当政府试图增加环境治理支出时，可能会将增加的环境治理支出分摊到其他政策议题中，而分摊的比重则取决于其他政策议题之间的重要性排序。

由于多个项目支出之和占总支出的 100%，因此项目支出数据实际上构成了一种成分数据。(Aitchison，1982)在此基础之上，Philips （2016）利用财政支出项目占比的对数来衡量多个项目间的权衡。利用此方法，学者对美国联邦和各州政府支出项目间的权衡进行了衡量。（Philips et al.，2016；Lipsmeyer et al.，2019；Yu et al.，2019；Adolph et al.，2020）相比其他方法，这种方法允许研究人员在整个预算空间下，同时研究多个财政支出类别之间的每一对竞争权衡关系。(Yu et al.，2019) 而且，由于比率对数取值不再限于 0 至 1，可以更方便地利用普通最小二乘法进行估计。（Adolph et al.，2020）

在有限的注意力空间下，政府在各政策议题上的注意力聚焦水平之和等于 100%，属于典型的成分数据。（Aitchison，1982）因此，可以借鉴财政支出权衡的方法（Philips et al.，2016；Lipsmeyer et al.，2019；Yu et al.，2019；Adolph et al.，2020），利用比率对数来测度各政策议题间的注意力权衡。为了更全面地分析相对绩效和向上嵌入对城市政府环境治理与其他议题注意力权衡的影响，本研究借鉴相关财政支出文献的研究方法，利用比率对数来测度各政策议题间的注意力权衡。具体操作如下：

首先，根据相关法规对政府职能的界定（新华网，2012；新华每日电讯，2012），并在参考学者对政府职能划分（燕继荣，2013）以及政府工作报告内容分析（邓雪琳，2015）的基础上，将政府的政策议题分成经济建设、政治建设、社会建设、文化建设和环境治理五类。其中，经济建设类主要指经济发展、调控和管理等；政治建设类主要包括体制改革、民主法治、廉政建设、社会安全稳定等内容；文化建设类主要包括教育、精神文明、文化艺术等；社会建设类主要涉及就业、医疗卫生、社会保障、扶贫等（具体划分见表 4.1）。

表 4.1 政府政策议题类别划分

议题类别	子主题
政治建设类	体制改革（主题 0）、作风建设（主题 8）、政治陈述（主题 17）、政务服务（主题 22）、民主法治（主题 29）
环境治理类	环境治理（主题 15）
社会建设类	医疗卫生（主题 9）、社会保障（主题 21）、扶贫（主题 26）、社会管理（主题 28）
文化建设类	精神文明（主题 1）、文化事业（主题 5）、教育（主题 23）
经济建设类	发展困境（主题 2）、融资金融（主题 3）、区域合作（主题 4）、农业发展（主题 6）、发展成绩（主题 7）、经济开放（主题 10）、宏观调控（主题 11）、旅游发展（主题 12）、城镇化（主题 13）、城市建设（主题 14）、宏观经济（主题 16）、项目建设（主题 18）、第三产业（主题 19）、发展目标（主题 20）、产业升级（主题 24）、科技创新（主题 25）、基础设施（主题 27）

其次，将每类议题下的子议题注意力水平进行加总，分别得到城市政府在经济建设、政治建设、社会建设、文化建设和环境治理五类议题上的注意力水平。

最后，计算环境治理议题与其他议题的权衡。由于比率对数的对称性，参考类别的选择并不影响该方法的结果。（Philips et al.，2016）本研究着重关注城市政府在环境治理与其他政策议题之间的注意力权衡，因此选用环境治理议题作为参考类别。然后依据以下公式，分别计算环境治理与经济建设、政治建设、社会建设和文化建设议题的权衡程度。

$$y_{kit} = ln\left(\frac{w_{Eit}}{w_{kit}}\right) \qquad （式 4.1）$$

其中，y_{kit} 表示环境治理议题与其他议题之间的权衡，该数值越大，表示城市注意力分配越倾向于环境治理；w_{Eit} 表示环境治理注意力水平；w_{kit} 分别表示经济建设、政治建设、社会建设和文化建设注意力水平。

（二）关键解释变量

在本研究中，重点关注相对绩效和向上嵌入对城市政府环境治理与其他政策议题之间的注意力权衡的影响。

相对绩效。根据晋升锦标赛逻辑，官员辖区内经济绩效的相对排名是地方主政官员晋升的关键影响因素。（Li & Zhou，2005；周黎安，2007，2008；Xu，2011）省内其他城市的经济绩效作为“标杆”影响着官员的经济表现和政治晋升（罗党论等，2015），并塑造着地方政府行为（乔坤元等，2014；刘焕等，2016）以及科层组织的注意力分配（赖诗攀，2020）。刘焕、吴建南和孟凡蓉（2016）发现，地方官员的晋升竞争主要围绕着 GDP 增长率等经济指标展开，而与 GDP 总量排名的相关性不大。因此，本研究利用该市当年在省内的 GDP 增长率排名来衡量相对绩效。考虑到各省地市数量差异较大，直接采用 GDP 增长率排名难以进行跨省比较，因此本研究没有采用排名的虚拟变量进行回归分析（Genakos & Pagliero，2012），而是在已有研究的基础上（赖诗攀，2020；乔坤元等，2014），对城市的 GDP 增长率当年省内排名进行了标准化的处理。具体做法是将该市的 GDP 增长率当年省内排名减去各省省内当年排名的平均值，然后除以各省省内当年排名的标准差。为了使结果解读更符合思维直觉，本研究使排名序号方向与GDP增长率大小方向一致，即GDP增长率越高，排名序号越大，从而使该数值越大，代表该市排名越靠前，相对绩效也越大。

向上嵌入。职位任命本质上是一种有目的的、有显著效果的且不可逆的资源分配，经济学相关研究通常将其视为上级官员保护下级、进行寻租的一种策略（Wilson，1961；Chubb，1982；Brennan，2003；Folke et al.，2011；Stokes et al.，2013），在上下级关系中起着关键作用（Robinson & Verdier，2013）。这使得基于职位任命而形成的非正式关系在政府科层组织中可能比共同经历更为重要。因此，本研究从职位任命角度来定义市政府官员与上级官员之间的非正式关系。具体来说，在借鉴相关研究基础上（Jiang，2018），通过职位任命来定义下级官员是否嵌入上级官员社会关系网络。若“在P担任该省省委书记时，C第一次从该省内部晋升为该省某市市委书记”，则表明C向上嵌入了P的社会关系网络。

向上嵌入是一个二元变量，1表示市委书记向上嵌入了上级的社会网络中，0代表没有。

（三）其他控制变量

本研究的控制变量主要涵盖三个方面：城市、污染、官员。在城市方面，主要控制了地区经济生产总值，并考虑到环境库兹涅茨曲线（Grossman & Krueger，1995），对地区经济生产总值的平方进行了控制。为了控制相关城市可能从上级那里获得帮助他们实现快速增长的财政资源，对财政转移进行了控制。(Jiang,2018)其他城市控制变量还包括人口规模、固定资产投资、第二产业比重、登记失业人数、制造业从业人数、公共管理人数、环保约谈。在环境污染程度方面，控制了人均工业二氧化硫排放量、人均工业烟尘排放量和人均工业废水排放量。在官员特征方面，主要控制了官员的性别、受教育程度、年龄及其平方、任期及其平方、是否中央下派。各变量的具体化操作见表 4.2。

表 4.2 主要变量与设计

变量类别	变量名称	具体含义
因变量	环保经济权衡	环境治理与经济建设注意力水平之比的对数
	环保政治权衡	环境治理与政治建设注意力水平之比的对数
	环保社会权衡	环境治理与社会建设注意力水平之比的对数
	环保文化权衡	环境治理与文化建设注意力水平之比的对数
自变量	相对绩效	城市 GDP 增长率的标准化省内排名
	向上嵌入	借鉴 Jiang（2018）的定义：在 P 担任该省省委书记时，C 第一次从该省内部晋升为该省某市市委书记
城市特征控制变量	lnGDP 及其平方	地区生产总值取对数，然后平方
	财政转移	地方财政一般预算内支出减去一般预算内收入，然后除以 10000 以减少量级
	人口规模	年末总人口去自然对数
	第二产业比重	第二产业增加值占 GDP 比重
	固定资产投资	固定资产投资总额取自然对数
	登记失业人数	年末城镇登记失业人员数取自然对数
	制造业从业人数	制造业从业人员数取自然对数
	公共管理人数	公共管理和社会组织从业人员数取自然对数
	环保约谈	该年该城市或该城市所辖县区被生态环境部约谈，则取值为 1，否则取值为 0

续表

变量类别	变量名称	具体含义
污染特征控制变量	二氧化硫排放量	工业二氧化硫排放量除以年末总人口后取自然对数
	工业烟尘排放量	工业烟尘排放量除以年末总人口数后取自然对数
	工业废水排放量	工业废水排放量除以年末总人口数后取自然对数
领导特征控制变量	书记性别	男性赋值为 1，女性赋值为 0
	书记年龄	当前年份减去市委书记出生年份
	书记受教育程度	大专以下赋值为 1，大专及本科赋值为 2，研究生以上赋值为 3
	书记任期	参考相关学者的做法（朱旭峰和张友浪，2015；张平等，2012）：将任期简化为整数如该官员在该年 6 月 30 日之前到任，则当年赋值为 1，否则赋值为 0
	市委书记中央任职经历	1 代表该官员有中央工作经历，0 则没有

三、模型设定与估计策略

为检验相对绩效和向上嵌入对环境治理与其他政策议题间注意力权衡的影响，本研究建立了如下 4 个线性方程：

$$\begin{cases} \ln\left(\dfrac{\text{环境治理}}{\text{经济建设}}\right) = \alpha_1 + \beta_{11}\text{相对绩效} + \beta_{12}\text{向上嵌入} + \varphi_1 Z + \eta_{1i} + \lambda_{1t} + \gamma_{1pt} + \varepsilon_{1ipt} \\ \ln\left(\dfrac{\text{环境治理}}{\text{政治建设}}\right) = \alpha_2 + \beta_{21}\text{相对绩效} + \beta_{22}\text{向上嵌入} + \varphi_2 Z + \eta_{2i} + \lambda_{2t} + \gamma_{2pt} + \varepsilon_{2ipt} \\ \ln\left(\dfrac{\text{环境治理}}{\text{社会建设}}\right) = \alpha_3 + \beta_{31}\text{相对绩效} + \beta_{32}\text{向上嵌入} + \varphi_1 Z + \eta_{3i} + \lambda_{3t} + \gamma_{3pt} + \varepsilon_{3ipt} \\ \ln\left(\dfrac{\text{环境治理}}{\text{文化建设}}\right) = \alpha_4 + \beta_{41}\text{相对绩效} + \beta_{42}\text{向上嵌入} + \varphi_1 Z + \eta_{4i} + \lambda_{4t} + \gamma_{4pt} + \varepsilon_{4ipt} \end{cases}$$

（式 4.2）

若对这四个方程分别进行回归，则表明四个方程之间是相互独立的，即 $corr(\varepsilon_{1ipt}, \varepsilon_{2ipt})=corr(\varepsilon_{1ipt}, \varepsilon_{3ipt})=\cdots corr(\varepsilon_{3ipt}, \varepsilon_{4ipt})=0$。但注意力分配的特点要求，如果对一类议题注意力水平增加，其他议题注意力水平必须下降。这种负向关系导致该系列模型间常常存在负向关系，一个方程系数的高估（低估）必然会导致其他方程的低估（高估），这违背了方程间的独立性假设。（Adolph et al.，2020）因此，若分别对方程进行独立估计，将无法利用数据中的所有信息，致使模型估计效率低下。（Aitchison，1982）

对于采用比率对数转换的成分数据来说，“似不相关模型”（Seemingly Unrelated Regression Model，SUR）是一种更加简洁而有效的回归模型。（Tomz et al.，2002）通过“似不相关模型”，可以在考虑方程间残差相关的情况下同时对多个方程进行估计。由于具有这种优势，该模型现已被广泛运用于政府预算支出项目权衡的实证研究中。（Philips et al.，2016；Lipsmeyer et al.，2019；Yu et al.，2019；Adolph et al.，2020）因此，本研究也采用“似不相关模型”同时估计上述四个方程，以更有效率地估计相关系数。

第三节 实证结果和分析

一、描述性分析

表 4.3 显示了主要变量的描述性统计。环保经济对数比率最小为 -6.78，最大为 -1.01，均为负值，经济建设与环境治理注意力水平之比最大为 880.069 倍，最小为 2.945 倍。这表明经

济建设类议题注意力水平始终高于环境治理类，但各年份、各城市间存在较大差异。环保政治、环保社会和环保文化之间的对数比率都有正有负，表明环境治理议题注意力水平有时会大于政治建设类、社会建设类和文化建设类等议题，有时相反。

表 4.3 主要变量描述统计

变量名	样本量	均值	方差焦	最小值	最大值
环保经济	4046	–2.58	0.66	–6.74	–1.01
环保政治	4046	–1.45	0.66	–5.72	0.98
环保社会	4046	–1.26	0.66	–5.23	1.21
环保文化	4046	–0.64	0.64	–4.87	2.21
向上嵌入	4049	0.49	0.50	0.00	1.00
相对绩效	3862	–0.00	0.95	–1.89	2.37
lnGDP	3884	16.24	0.98	13.01	19.41
财政转移	3887	120.47	112.99	–607.77	1920.08
固定资产投资	3039	15.66	1.02	12.61	18.24
人口规模	3890	5.86	0.67	2.92	7.31
第二产业比重	3884	47.60	10.81	10.68	85.92
环保约谈	4049	0.02	0.14	0.00	1.00
登记失业人数	3877	2.85	30.29	0.01	1881.21
制造业人数	3887	13.70	22.00	0.06	258.80
公共管理人数	3891	4.60	2.75	0.00	25.26
二氧化硫排放量	3782	4.37	1.25	–3.38	7.98
工业烟尘排放量	3781	3.79	1.20	–1.61	9.41
工业废水排放量	3785	2.39	1.02	–4.14	7.36
书记性别	4021	0.96	0.20	0.00	1.00
书记教育程度	3992	2.21	0.44	1.00	3.00
书记任期	4049	2.74	1.65	1.00	11.00
书记年龄	4042	53.07	3.43	41.00	62.00
市委书记中央任期经历	4049	0.00	0.04	0.00	1.00

图 4.2 给出了经济建设、政治建设、社会建设、文化建设和环境治理主题在历年政策议程中的占比。从图中可见，经济建设类主题虽有波动，但一直占据重要地位，反映了经济发展目标在城市政府注意力中的优先性。政治建设与社会建设也占据了较重要的地位，而文化建设与环境治理建设注意力水平却较低。然而，自 2013 年以来，环境治理注意力水平不断提高，与近年各级政府对环境治理的强调和重视相一致。

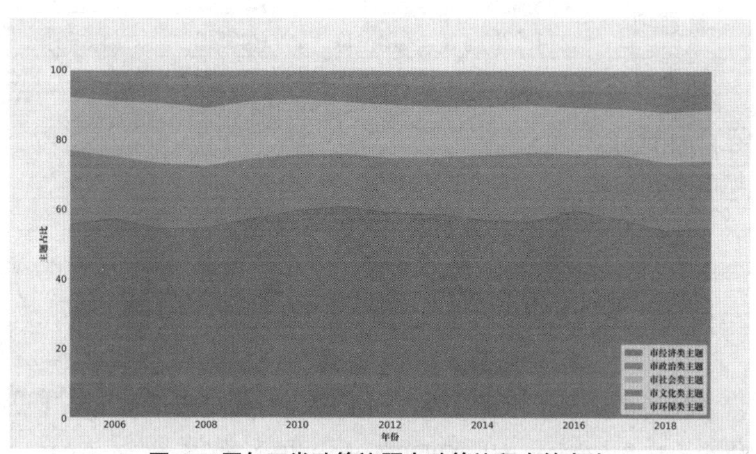

图 4.2　历年五类政策议题在政策议程中的占比

二、基准结果分析

表 4.4 展示了相对绩效与向上嵌入对环境治理与其他政策议题间注意力权衡影响的估计结果。

表 4.4　相对绩效、向上嵌入对环境治理注意力权衡的影响

变量名	模型 1	模型 2	模型 3	模型 4
	F. 环保经济	F. 环保政治	F. 环保社会	F. 环保文化
向上嵌入	–0.063***	–0.069***	–0.048**	–0.036
	(0.023)	(0.024)	(0.023)	(0.024)

续表

变量名	模型 1	模型 2	模型 3	模型 4
	F. 环保经济	F. 环保政治	F. 环保社会	F. 环保文化
相对绩效	–0.032***	–0.015	–0.028***	–0.034***
	(0.010)	(0.011)	(0.010)	(0.011)
城市特征	是	是	是	是
城市环境污染	是	是	是	是
官员特征	是	是	是	是
其他政策议题	是	是	是	是
常数项	–25.626***	–21.780***	–14.654***	–16.409***
	(4.580)	(4.891)	(4.550)	(4.843)
样本量	2837			
χ^2	4428.391			
年份固定效应	是			
城市固定效应	是			
省份 – 年份固定	是			

注：（1）***、**、* 分别代表 1%、5% 和 10% 的显著水平；（2）括号中为标准误。

模型 1 显示了相对绩效与向上嵌入对环境治理与经济建设注意力权衡的影响。从中可以看出，相对绩效系数为 –0.032，在 1% 的水平上显著。这意味着，城市 GDP 增长率在省内排名中每提高一个标准差，环境治理与经济建设注意力比率就会低 3.2%。即在 GDP 增长率考核中排名靠前，会使该市的注意力在环境治理与经济建设两个议题的权衡中更偏向经济建设。因此，假设 4–1 得到验证。同时，向上嵌入系数为 –0.063，在 1% 的水平上显著。这表明，与其他城市相比，向上嵌入的城市政府，其环境治理与经济建设注意力比率会降低 6.3%。向上嵌入能够使该市政府在环境治理与经济建设注意力权衡中更偏向经济建设。因此，假设 4–5 得到证实。

模型 2 列举了相对绩效与向上嵌入对环境治理与政治建设注意力权衡的影响。从中可以看出，相对绩效的系数在 5% 的水平上并不显著。这表明，GDP 增长率在排名考核中占据优势并不会对城市政府环境治理与政治建设注意力权衡产生显著影响。这证实了假设 4–3，对于 GDP 增长率省内排名靠前的市委书记来说，在政治建设与环境治理之间，并没有系统性的偏向。然而，向上嵌入系数在 1% 的水平上显著为负，为 –0.069。这表明，那些向上嵌入的城市，环境治理与政治建设注意力比率会低 6.9%。这表明，那些向上嵌入的城市政府，会在环境治理与政治议题的注意力权衡中系统性地偏向政治建设，而相对忽视环境治理。这证实了研究假设 4–7。

模型 3 展示了相对绩效与向上嵌入对环境治理与社会建设间注意力权衡的影响。可以发现，相对绩效系数为 –0.028，在 1% 的水平上显著，即 GDP 增长率省内标准化排名每增加 1 个标准差，环境治理与社会建设比率就低 2.8%。这表示，那些在 GDP 增长率省内排名占据优势的城市政府，会在环境治理与社会建设议题权衡中，将更多注意力聚焦在社会建设上，而相对忽视环境治理。这证实了假设 4–2。另一方面，向上嵌入的系数为 –0.048，在 5% 的水平上显著。这意味着，向上嵌入的城市政府，环境治理与社会建设注意力比率会低 4.8%。相比环境治理，向上嵌入的城市政府会更偏好于社会建设议题，而忽视环境治理。这证实了研究假设 4–6。

模型 4 给出了相对绩效与向上嵌入对环境治理与文化建设间注意力权衡的影响。相对绩效系数为 –0.034，在 1% 的水平上显著。即 GDP 增长率省内排名每增加 1 个标准差，该城市政府环境治理与文化建设注意力比率将会低 3.4%。这表示，相对于环境治理，GDP 增长率省内排名靠前的城市政府会更倾向于将注意力聚焦在文化建设政策议题上。这与我们的假设不符，研究假设 4–4 认为相对绩效不会引发环境治理与文化建设间的权衡。这可能与文化的产业属性有关，文化产业既不会引发环境污染等问题，还可以通过鼓励发展文化产业继续促进经济增长，巩固经济绩效优势。然而，向上嵌入的系数在 5% 的水平上并不显著，这表示向上嵌入并不会对环境治理与文化建设间的注意力权衡产生显著影响。向上嵌入的城市在文化建设和环境治理议题间并无系统性偏好。这证实了研究假设 4–8。

三、延展分析

（一）环保约谈的调节效应

自 2014 年下半年起，环境保护部（2018 年后为生态环境部）开始对未履行环境保护职责或履行不到位的地方政府及其环境部门负责人进行告诫谈话，以督促改善环境质量。在第五章的分析中发现，环保约谈可以抑制向上嵌入对环境治理注意力聚焦的负向影响，但对相对绩效则无效。本章进一步分析了环保约谈对环境治理与其他政策议题间注意力权衡的调节效应。表 4.5 列举了相关分析结果。

从表中可以看出，在模型 1 至模型 4 中，环保约谈与相对绩效的交互项并不显著，表明环保约谈难以抑制 GDP 增长率省内排名靠前这种强激励对环境治理与其他议题间注意力权衡的负向影响，提升他们对环境治理的偏好。这也进一步证实了第三章的结论，由于环保约谈无法调节相对绩效对环境治理与其他政策议题间的注意力权衡的影响，从而无法显著调节相对绩效对环境治理的负面影响。

表 4.5 环保约谈的调节效应

变量名	模型 1	模型 2	模型 3	模型 4
	F. 环保经济	F. 环保政治	F. 环保社会	F. 环保文化
向上嵌入	–0.067***	–0.074***	–0.051**	–0.036
	(0.023)	(0.024)	(0.023)	(0.024)
相对绩效	–0.032***	–0.014	–0.027***	–0.033***
	(0.010)	(0.011)	(0.010)	(0.011)
城市特征	是	是	是	是
城市环境污染	是	是	是	是
官员特征	是	是	是	是
其他政策议题	是	是	是	是
常数项	–25.374***	–21.352***	–14.368***	–16.282***
	(4.583)	(4.893)	(4.553)	(4.848)
样本量	2837			
χ^2	4435.612			
年份固定效应	是			
城市固定效应	是			
省份 – 年份固定	是			

注：（1）***、**、* 分别代表 1%、5% 和 10% 的显著水平；（2）括号中为标准误。

在模型 1 中，环保约谈与向上嵌入的交互项系数在 10% 的水平上为正。这表明环保约谈能在一定程度上纠正具有向上嵌入关系的城市忽视环境治理的倾向，但效果并不太显著。在模型 2 中，向上嵌入与环保约谈的交互项在 5% 的水平上显著为正。这意味着环保约谈可以显著降低具有向上嵌入关系的城市对政治建设的关注，增加对环境治理的注意力。这表明，在受到环保约谈后，具有向上嵌入关系的城市倾向于减少政治建设议题的关注度，增加环境治理的关注。然而，在模型 3 与 4 中，环保约谈与向上嵌入的交互项并不显著。这表明环保约谈无法调节向上嵌入对环境治理与社会建设、文化建设之间的注意力权衡。综合第三章的相关结论发现，环保约谈虽然能够抑制向上嵌入对环境治理注意力的负向影响，但这些注意力资源可能主要来自经济建设和政治建设，尤其是政治建设。

（二）环境治理制度结构性突变的调节效应

2013 年后，中央对环境治理的重视程度明显增加，向地方政府传递了一个明确的信号：环境污染治理的制度约束将更加严格，各级地方政府需要更加重视环境治理，对环境治理的重视将得到奖励，而忽视环境治理导致的环境污染将会受到严厉追责。因此，可以说，环境治理的制度环境在 2013 年前后发生了结构性突变。这种结构性突变如何调节既有科层制度规则对环境治理与其他政策议题间注意力权衡的影响呢？为此，本章进一步分析了 2013 年后环境治理制度结构性突变对注意力权衡的调节效应。表 4.6 列举了相关结果。

表 4.6 环境治理制度环境结构性突变的调节效应

变量名	模型 1	模型 2	模型 3	模型 4
	F. 环保经济	F. 环保政治	F. 环保社会	F. 环保文化
向上嵌入	–0.099***	–0.110***	–0.070***	–0.053*
	(0.026)	(0.028)	(0.026)	(0.028)
相对绩效	–0.031***	–0.012	–0.022**	–0.018
	(0.011)	(0.012)	(0.011)	(0.012)
嵌入 2013 交互	0.116***	0.130***	0.069	0.059
	(0.043)	(0.046)	(0.042)	(0.045)
排名 2013 交互	–0.003	–0.011	–0.019	–0.057***
	(0.021)	(0.022)	(0.021)	(0.022)
城市特征	是	是	是	是
城市环境污染	是	是	是	是
官员特征	是	是	是	是

续表

变量名	模型 1	模型 2	模型 3	模型 4
	F. 环保经济	F. 环保政治	F. 环保社会	F. 环保文化
常数项	-24.829^{***}	-20.918^{***}	-14.242^{***}	-16.213^{***}
	(4.585)	(4.895)	(4.557)	(4.847)
样本量	2837			
χ^2	4447.211			
年份固定效应	是			
城市固定效应	是			
省份－年份固定	是			

注：（1）***、**、* 分别代表 1%、5% 和 10% 的显著水平；（2）括号中为标准误。

在模型 1 中，制度环境结构性突变与向上嵌入交互项系数为正，表明 2013 年后环境治理制度环境的结构性突变正向调节了向上嵌入对环境治理和经济建设间注意力权衡的负面影响，使得具有向上嵌入的城市政府更加关注环境治理，减少了对经济建设议题的关注。然而，与相对绩效的交互项系数并不显著，这说明 2013 年后环境治理制度环境的结构性突变无法调节相对绩效对环境治理与经济建设议题间注意力权衡的负向影响。

模型 2 中，2013 年后环境治理制度环境的结构性突变与向上嵌入交互项系数为正，在 1% 的水平上显著。这表明随着 2013 年后环境治理制度的结构性突变，具有纵向向上关系的城市显著增加了对环境治理的关注，减少了政治建设议题的关注。

模型 3 显示，2013 年后环境治理制度环境的结构性突变与相对绩效和向上嵌入的交互项均不显著。这表明这一制度变化未显著降低具有向上嵌入关系的城市政府对社会建设议题的偏好，也未降低 GDP 增长率省内排名靠前城市政府对社会建设议题的偏好。

模型 4 显示，2013 年后环境治理制度环境的结构性突变与向上嵌入的交互项并不显著，但与相对绩效的交互项在 1% 的水平上显著为负。这表明，尽管这一环境制度变化并未改变具有向上嵌入关系的城市政府对文化建设的偏好，但对 GDP 增长率省内排名靠前的城市政府来说，面对环境治理与文化建设议题时，更倾向于增加对文化建设的关注，而相对忽视环境治理。这可能是因为相对于环境治理，文化建设不仅可以通过提高文化产业发展水平促进经济发展，而且不会显著增加污染排放，因此成为许多地方拉动经济增长、实现增长方式转型的重要经济增长点。（吴艳红，2011；魏鹏举，2014）

四、稳健性检验

（一）删除可能具有特殊政治地位的副省级城市

由于副省级城市具有特殊政治地位，与普通城市可能存在显著不同，我们排除沈阳、大连、长春等 15 个副省级城市，以检验本研究主要结论是否受到这些城市特殊政治地位的影响。相关结果列于表 4.7、表 4.8 和表 4.9。

表 4.7 删除副省级城市后的稳健性检验（基准回归）

变量名	模型 1	模型 2	模型 3	模型 4
	F. 环保经济	F. 环保政治	F. 环保社会	F. 环保文化
向上嵌入	–0.051**	–0.057**	–0.048**	–0.029
	(0.024)	(0.026)	(0.024)	(0.026)
相对绩效	–0.031***	–0.014	–0.026**	–0.032***
	(0.011)	(0.011)	(0.011)	(0.011)

续表

变量名	模型 1	模型 2	模型 3	模型 4
	F. 环保经济	F. 环保政治	F. 环保社会	F. 环保文化
城市特征	是	是	是	是
城市环境污染	是	是	是	是
官员特征	是	是	是	是
常数项	−21.323***	−14.901***	−8.994*	−17.669***
	(5.275)	(5.645)	(5.228)	(5.585)
样本量	2665			
χ^2	4261.430			
年份固定效应	是			
城市固定效应	是			
省份－年份固定	是			

注：（1）***、**、* 分别代表 1%、5% 和 10% 的显著水平；（2）括号中为标准误。

表 4.8　删除副省级城市后的稳健性检验（环保约谈调节效应）

变量名	模型 1	模型 2	模型 3	模型 4
	F. 环保经济	F. 环保政治	F. 环保社会	F. 环保文化
向上嵌入	−0.055**	−0.061**	−0.051**	−0.029
	(0.024)	(0.026)	(0.024)	(0.026)
相对绩效	−0.031***	−0.013	−0.026**	−0.031***
	(0.011)	(0.011)	(0.011)	(0.011)
嵌入约谈交互	0.238	0.327*	0.217	0.018
	(0.172)	(0.183)	(0.170)	(0.182)
排名约谈交互	0.029	−0.066	−0.015	−0.030
	(0.101)	(0.108)	(0.100)	(0.107)
城市特征	是	是	是	是
城市环境污染	是	是	是	是
官员特征	是	是	是	是
常数项	−21.306***	−14.714***	−8.914*	−17.618***
	(5.275)	(5.644)	(5.229)	(5.588)
样本量	2665			

续表

变量名	模型 1	模型 2	模型 3	模型 4
	F. 环保经济	F. 环保政治	F. 环保社会	F. 环保文化
χ^2	4266.918			
年份固定效应	是			
城市固定效应	是			
省份－年份固定	是			

注：（1）***、**、* 分别代表 1%、5% 和 10% 的显著水平；（2）括号中为标准误。

表 4.9 删除副省级城市后的稳健性检验（制度突变调节效应）

变量名	模型 1	模型 2	模型 3	模型 4
	F. 环保经济	F. 环保政治	F. 环保社会	F. 环保文化
向上嵌入	–0.086***	–0.101***	–0.072**	–0.053*
	(0.028)	(0.030)	(0.028)	(0.030)
相对绩效	–0.030**	–0.010	–0.020*	–0.016***
	(0.012)	(0.013)	(0.012)	(0.013)
嵌入约谈交互	0.109**	0.137***	0.076*	0.080*
	(0.045)	(0.049)	(0.045)	(0.048)
排名约谈交互	–0.001	–0.011	–0.021	–0.056**
	(0.022)	(0.023)	(0.022)	(0.023)
城市特征	是	是	是	是
城市环境污染	是	是	是	是
官员特征	是	是	是	是
常数项	–20.581***	–13.960**	–8.461	–17.077***
	(5.278)	(5.645)	(5.234)	(5.585)
样本量	2665			
χ^2	4276.537			
年份固定效应	是			
城市固定效应	是			
省份–年份固定	是			

注：（1）***、**、* 分别代表 1%、5% 和 10% 的显著水平；（2）括号中为标准误。

从表 4.7 的模型 1 至模型 4 可以观察到，向上嵌入分别对环境治理与经济建设、政治建设和社会建设的注意力分配权衡有显著负向影响。这表明，具有向上嵌入关系的城市更偏向于经济建设、政治建设和社会建设，而非环境治理。相对绩效对环境治理与经济建设、社会建设和文化建设之间的注意力权衡有显著的负向影响。这表明，在 GDP 增长率省内排名靠前的情况下，晋升预期的增加会激励城市更偏好于经济建设、社会建设和文化建设，而不是环境治理。这与之前的基准回归结论基本一致。

表 4.8 的模型 1 至模型 4 展示了环保约谈的调节效应。结果显示，环保约谈与相对绩效的交互项均不显著，表明环保约谈无法抑制 GDP 增长率省内排名这样的强激励所带来的影响。然而，在删除副省级城市后，环保约谈仍对向上嵌入对环境治理与经济建设、政治建设之间的注意力权衡负向影响有正向调节作用，在 10% 的水平上显著。这表明环保约谈的抑制效应相对较弱，对城市环境治理的影响有限。

表 4.9 的模型 1 至模型 4 揭示了 2013 年环境治理制度环境突变的调节效应。结果显示，2013 年后具有向上嵌入关系的城市提高了对环境治理在权衡中的重视程度，但对向上嵌入对环境治理与社会建设之间的注意力权衡没有十分显著的抑制作用。然而，2013 年后环境治理制度环境突变与相对绩效交互项系数的显著性可以发现，对于 GDP 增长率省内排名这种强激励，2013 年后环境治理制度结构性突变并没有改变他们的政策偏好，但使他们在环境治理与文化建设间注意力权衡中更偏向于追求文化建设，以创造新的经济增长点。

（二）基于主题数量为 15 的 LDA 模型稳健性检验

为检验结果的稳健性，本研究利用了主题数量为 15 的

LDA 模型输出结果进行了分析，以验证是否与主题数量为 30 的 LDA 模型输出结果一致。表 4.10 至表 4.12 展示了相应的稳健性检验分析结果。

从表 4.10 的模型 1 至模型 4 可以观察到，向上嵌入与相对绩效系数的正负与显著性基本与前文一致。向上嵌入分别对环境治理与经济建设、政治建设和社会建设间注意力权衡有负向影响，表明具有向上嵌入关系的城市更倾向于经济建设、政治建设和社会建设，而相对绩效对环境治理与经济建设、社会建设和文化建设的系数在至少 5% 的水平上显著，表明 GDP 增长率省内排名靠前的城市更加重视经济建设、社会建设和文化建设。

表 4.10 基于主题数为 15 的 LDA 模型输出结果的稳健性检验（基准回归）

变量名	模型 1	模型 2	模型 3	模型 4
	F. 环保经济	F. 环保政治	F. 环保社会	F. 环保文化
向上嵌入	–0.052**	–0.058**	–0.054**	–0.010
	(0.021)	(0.023)	(0.023)	(0.024)
相对绩效	–0.033***	–0.016	–0.023**	–0.035***
	(0.010)	(0.010)	(0.010)	(0.011)
城市特征	是	是	是	是
城市环境污染	是	是	是	是
官员特征	是	是	是	是
常数项	–25.483***	–23.872***	–13.825***	–12.604***
	(4.304)	(4.660)	(4.551)	(4.777)
样本量	2837			
χ^2	4439.646			
年份固定效应	是			
城市固定效应	是			
省份 – 年份固定	是			

注：（1）***、**、* 分别代表 1%、5% 和 10% 的显著水平；（2）括号中为标准误。

表 4.11 的模型 1 至模型 4 展示了环保约谈的调节效应，结果显示环保约谈对相对绩效的调节效应不显著，但对向上嵌入对环境治理和经济建设间注意力权衡仍然在 10% 的水平上显著为正，与前文一致。对环境治理与政治建设的显著性有所降低，但仍在 10% 的水平上显著为正，表明环保约谈对具有向上嵌入关系的城市偏好经济建设、政治建设，忽视环境治理的倾向有所抑制。

表 4.11 基于主题数为 15 的 LDA 模型输出结果的稳健性检验（环保约谈调节效应）

变量名	模型 1	模型 2	模型 3	模型 4
	F. 环保经济	F. 环保政治	F. 环保社会	F. 环保文化
向上嵌入	–0.056***	–0.061***	–0.056**	–0.012
	(0.021)	(0.023)	(0.023)	(0.024)
相对绩效	–0.033***	–0.016	–0.022**	–0.035***
	(0.010)	(0.010)	(0.010)	(0.011)
嵌入约谈交互	0.276*	0.285*	0.156	0.101
	(0.152)	(0.165)	(0.161)	(0.169)
排名约谈交互	–0.000	–0.058	–0.088	–0.023
	(0.090)	(0.097)	(0.095)	(0.100)
城市特征	是	是	是	是
城市环境污染	是	是	是	是
官员特征	是	是	是	是
常数项	–25.216***	–23.513***	–13.547***	–12.472***
	(4.306)	(4.662)	(4.555)	(4.782)
样本量	2837			
χ^2	4448.087			
年份固定效应	是			
城市固定效应	是			
省份 – 年份固定	是			

注：（1）***、**、* 分别代表 1%、5% 和 10% 的显著水平；（2）括号中为标准误。

表 4.12 的模型 1 至模型 4 描述了 2013 年后环境治理制度环境突变的调节作用。结果显示，随着 2013 年环境治理制度环境的改变，具有向上嵌入关系的城市对环境治理的关注显著增加，而对经济建设、政治建设和文化建设的偏好有所降低。然而，GDP 增长率排名靠前的城市政府在环境治理和文化建设中则会更加偏好文化建设，而忽视环境治理。这些结论都与前文基本一致。

表 4.12 基于主题数为 15 的 LDA 模型输出结果的稳健性检验（制度突变调节效应）

变量名	模型 1	模型 2	模型 3	模型 4
	F. 环保经济	F. 环保政治	F. 环保社会	F. 环保文化
向上嵌入	–0.085***	–0.096***	–0.073***	–0.044
	(0.025)	(0.027)	(0.026)	(0.027)
相对绩效	–0.028***	–0.015	–0.015	–0.021*
	(0.011)	(0.012)	(0.011)	(0.012)
嵌入约谈交互	0.106***	0.121***	0.061	0.112**
	(0.040)	(0.043)	(0.042)	(0.045)
排名约谈交互	–0.017	–0.005	–0.030	–0.053**
	(0.019)	(0.021)	(0.021)	(0.022)
城市特征	是	是	是	是
城市环境污染	是	是	是	是
官员特征	是	是	是	是
常数项	–24.809***	–23.052***	–13.515***	–12.026**
	(4.308)	(4.664)	(4.558)	(4.777)
样本量	2837			
χ^2	4459.583			
年份固定效应	是			
城市固定效应	是			
省份 – 年份固定	是			

注：（1）***、**、* 分别代表 1%、5% 和 10% 的显著水平；（2）括号中为标准误。

综上所述，通过变更 LDA 模型的主题数量这一参数，对城市政府注意力权衡进行重新测度后，本研究的主要结论保持了一致性，证明了相关结果的稳健性。

本章小结

在第三章的基本分析结论之后，本章对相对绩效和向上嵌入对环境治理与其他政策议题间注意力权衡的影响进行了实证分析，并探讨了环保约谈、2013 年后环境治理制度环境结构性突变对注意力权衡的调节效用。以下是主要发现：

首先，向上嵌入倾向于促进城市政府对经济建设、政治建设和社会建设议题的关注，相对忽视环境治理。第三章的研究指出，向上嵌入会减少城市政府对环境治理的注意力聚焦，而在本章的进一步分析中发现，在具有向上嵌入的情况下，城市政府官员会更加重视经济发展、社会稳定和政治建设，导致环境治理注意力被转移至经济建设、社会建设和政治建设。

其次，相对绩效会导致城市政府更偏好经济建设、社会建设和文化建设，使环境治理在与经济建设、社会建设和文化建设等议题的权衡中处于劣势地位。这表明，当城市 GDP 增长率在省内排名中处于优势地位时，地方官员更倾向于在维护社会稳定的前提下进一步促进经济发展，并可能通过推动文化产业发展来实现在环境质量不恶化的情况下促进经济增长。因此，在 GDP 增长率省内排名靠前的情况下，城市主政官员更倾向于关注经济建设、社会建设和文化建设，而相对忽视环境治理。

第三，环保约谈对约束相对绩效和向上嵌入在环境治理与其他议题注意力权衡中的负面影响起到了有限作用。本研究发现，环保约谈对于向上嵌入导致的忽视环境治理、优先经济建设和政治建设的倾向有所抑制，但在 GDP 增长率省内排名靠前情境下对经济建设、社会建设和文化建设偏好并没有起到抑制作用。

最后，2013 年后环境治理制度环境的结构性突变显著抑制了向上嵌入对经济建设、政治建设的偏好，提升了对环境治理的重视。然而，相对绩效对经济建设、社会建设和文化建设的偏好并没有改变，并导致了城市政府在文化建设和环境治理之间的注意力权衡中，更倾向于文化建设。

第五章

结论与讨论

第一节　研究结论

本研究提出了一个由“委托方—管理方—代理方”构成的多任务发包城市注意力分配科层组织模型。在这一模型中，中央政府拥有政策制定和组织设计的最高权威，城市政府则负责最终执行各项政治任务。中央政府通过“下管一级”干部人事管理制度将激励分配权授予城市政府的上一级政府（一般是省政府），并让省政府负责检查验收相关信息的上传下达。具体而言，环境治理中各项任务指标的设定和检查验收由中央政府负责，激励分配权和检查验收信息的上传下达则由省政府掌握，具体执行权在城市政府。

目标设定、检查验收和激励分配权在委托方和管理方之间的分离，使得委托方、管理方和代理方之间有了更多的博弈空间。中央政府从全局出发，希望地方能够同时兼顾各项任务，形成经济富裕、政治民主、文化繁荣、社会公平、生态良好的发展格局。然而，与主要负责提供和传递宏观层面环境政治话语的中央政府及省政府不同，城市政府需要投入人力、财力和物力执行环境治理政策，将直接面临着资源约束。在中央政府所要求的政治建设、经济建设、社会建设、文化建设和环境治理等多项任务之间，城市政府需要进行权衡取舍，决定政府注意力等资源在各项议题间的投入程度。

对于嵌入科层组织体系的城市政府来说，科层组织规则构建的组织情境不仅决定了其关注焦点，也决定了关注所带来的成本与收益，并规定了各项任务的解决方案。其中，在以目标管理责任制和竞争性晋升为核心的晋升锦标赛下，经济相对绩效决定了城市主政官员对自身利益的理解，为城市政府注意力分配提供强激励。在多重委托和在“下管一级”干部人事管理制度下，上级主政官员不仅掌控了城市主政官员的职位晋升，也负责任务完成检查验收信息的上传下达。通过向上嵌入，不仅可以通过增强正式制度可信承诺的方式来塑造城市主政官员对自身利益的理解，而且能够通过上下共谋的方式为城市政府提供非正式解决方案。因此，在“委托方—管理方—代理方”构成的多任务发包城市注意力分配科层组织模型中，相对绩效和向上嵌入应该能够有效影响城市注意力分配。

为此，本研究通过系统收集国务院、省级和地市级政府工作报告，在利用LDA模型对政府注意力进行系统测量的基础上，首先利用多维固定效应模型，在控制城市固定效应、时间效应和省份－时间交叉固定效应的基础上，检验了对城市官员晋升十分重要的相对绩效和向上嵌入对城市政府环境治理注意力聚焦的影响。然后借鉴财政支出权衡相关研究方法，采用似不相关模型对注意力空间内各政策议题间的相关性进行控制，实证分析了相对绩效和向上嵌入对城市环境治理与其他政策议题间注意力权衡的影响，并结合近年来环境治理实践，分别分析了环保约谈和2013年后环境治理制度环境的突变所带来的影响。

研究表明，在“委托方—管理方—代理方”多任务多重发包行政体制下，相对绩效和向上嵌入是理解城市政府环境治理注意力分配的重要因素。在目标管理责任制和横向竞争性晋升规则下，城市客观相对绩效使城市政府更倾向于关注经济建设、社会建设和文化建设，从而导致环境治理注意力水平的降低。

而在“下管一级”干部人事管理制度下，向上嵌入上级领导社会网络使城市政府更偏好于关注经济建设、社会建设和政治建设，降低了环境治理注意力水平。同时，环保约谈、环境治理制度环境突变等中央环境政策治理措施，也在不同的科层规则调节下呈现出不同的效果。

一、晋升锦标赛下的地方政府环境治理注意力分配

在面对多项任务的情境下，相对绩效排名使城市政府更倾向于关注经济建设、社会建设和文化建设，从而显著降低了城市政府对环境治理的注意力水平。在“委托方—管理方—代理方”多任务多重发包的科层组织背景下，中央政府通过目标责任管理制和横向竞争性考核晋升来对管理方和委托方进行激励和控制。在过去较长一段时间内，上级政府对下级政府的考核主要依据经济发展绩效，特别是 GDP 增速成为关键的考核指标。这种横向竞争性晋升就演变为以地方政府的相对经济绩效为竞争核心的“晋升锦标赛”。

本研究发现，在这种晋升锦标赛下，那些 GDP 增长率在省内排名靠前的城市，城市主政官员有着更高的晋升预期，会在维持社会稳定的情况下，更倾向于关注经济建设、社会建设和文化建设，以促进经济发展和文化产业来进一步保持经济增长，而相对忽视环境治理。这导致了城市环境治理的注意力水平降低。进一步的机制分析也表明，相对经济绩效排名越高的城市政府，越可能在来年设定更高的经济增长率目标来维持自身政绩排名优势，以巩固自身竞争优势。

二、向上嵌入与城市政府环境治理注意力分配

在多任务情境下，向上嵌入上级领导社会网络会使城市政府更关注经济建设、社会建设和政治建设，而相对忽视环境治理，

进而降低环境治理的注意力水平。

在“委托方—管理方—代理方”多重委托科层组织结构中，中央政府通过“下管一级”干部人事管理制度将激励分配权授予城市政府的上一级政府（一般是省政府），并让省政府负责检查验收相关信息的上传下达，这使得城市政府各项任务指标的设定和检查验收在中央政府，但激励分配权和检查验收信息的上传下达由省级政府掌握。这使得省市间的关系构成了城市环境治理注意力分配的关键组织情境。

本研究发现，在向上嵌入的情况下，城市官员不仅关注经济和维持社会稳定以保持晋升优势，还倾向于推进政治建设，以获得更多的合法性权威和权力基础。同时，具有向上嵌入的城市政府更容易获得上级领导和环境业务部门的保护，可以通过非正式手段应对中央政府的环境治理绩效考核。这使得这些具有向上嵌入关系的城市政府更倾向于关注经济建设、社会建设和政治建设，而忽视环境治理，降低了向上嵌入城市政府的环境治理注意力分配水平。

三、环境治理措施效果受到科层组织规则的调节

环保约谈是一项重要的环境治理政策工具，可以调节城市政府环境注意力聚焦，但其效果受到不同组织因素的影响。随着中央政府对环境问题重视程度的增加，采取了环保约谈等具体“督政”措施来促使地方政府提高环境治理的重视程度。本研究发现，环保约谈能够提高城市政府对环境治理的关注程度，但具体效果受到组织因素的影响。环保约谈有助于抑制因城市官员向上嵌入而导致的环境治理关注程度降低，也能够防止因向上嵌入而引发的环境治理注意力向经济建设和政治建设的转移。然而，对相对绩效导致的环境治理注意力减弱和转移，环

保约谈却并没有影响。

环境治理制度环境结构性突变确实提升了城市环境治理注意力聚焦，但难以减弱相对绩效所导致的负向效应。随着十八大的召开，党中央和国务院大幅提高了对环境治理的重视程度，推出了一系列政策措施以改善环境治理状况。这标志着环境治理制度环境在2013年前后发生了结构性突变。本研究实证检验了这种制度环境突变对城市政府注意力分配的影响，发现制度环境突变确实提升了城市政府环境治理注意力聚焦，尤其是对抑制向上嵌入因素导致的环境治理关注程度下降方面起到了积极作用。而这主要是通过阻止向上嵌入所引发的注意力从环境治理向经济建设、政治建设转移来实现的。然而，在GDP增长率省内排名靠前的情况下，制度环境突变可能导致城市政府将注意力从环境治理转移到文化建设领域，试图在规避环境污染的同时，通过重视文化产业发展来推动经济增长，以保持其经济增长绩效优势。

第二节　理论贡献与实践启示

一、理论贡献

本研究在以下几个方面作出了理论贡献：

首先，本研究从四个方面丰富和拓展了政府注意力分配研究。一是将注意力分配主体由国家和省级层面拓展至地级以上城市政府。许多关于政府治理和政策执行的研究都将政府注意力视为推动科层体系运作、影响政策执行效果的关键因素（刘军强和谢延会，2015；庞明礼，2019；王仁和和任柳青，

2021；章文光和刘志鹏，2020；黄冬娅，2020），政府注意力分配研究已然成为前沿和热点议题（陶鹏，2019）。然而，现有研究更多的是将国家层级的领导（陶鹏和初春，2020）或机构（庞明礼，2019）作为注意力主体，少量有关地方政府注意力分配的研究也更多是聚焦于省级政府（曾润喜和朱利平，2021；陈那波和张程，2022；王印红和李萌竹，2017）或单个城市（张程，2020），对地级以上城市政府注意力分配进行大样本研究的还较少。本研究将城市政府作为注意力分配主体，扩展了注意力分配研究对象，丰富了对城市政府注意力分配的认识。

二是基于组织注意力分配基础理论，从影响职位晋升的科层组织规则角度拓展了政府注意力分配影响因素的研究。根据组织注意力分配基础理论，组织规则、资源和内部关系构建了决策者决策的组织情境及其对情境的解读，而组织情境和对情境的解读又决定着他们的注意力分配。（Ocasio，1997，2011）然而，既有的政府注意力分配研究大都从宏观政治制度、舆论媒介、领导者个人特征等角度分析国家层面机构和领导注意力的分配，较少关注科层组织规则对城市政府注意力分配的影响。（Breeman et al.，2015；Bark & Bell，2019；陶鹏，2019）本研究在系统收集城市政府工作报告、领导干部、城市经济社会环境等数据的基础上，从对城市主政官员职位晋升有重要影响的目标责任管理制、横向竞争性晋升制和“下管一级”干部人事制度出发，分析了相对绩效、向上嵌入对城市环境治理注意力分配的影响，从城市主政官员职位晋升角度解释了城市政府注意力分配的基本动力，从科层组织规则方面丰富和拓展了政府注意力分配解释机制研究。

三是增进了科层组织中非正式关系对政府注意力分配影响的认识。对企业注意力分配的研究发现，不同的社会网络嵌入对企业创新（Ciabuschi，Dellestrand，& Martín，2015）、市场进入（Hung，2005）、战略选择（王迎冬和赵镇，2020）等方面的注意力分配都有重要影响。但对政府注意力分配的研究，目前主要关注的是科层晋升规则（曾润喜和朱利平，2021；张程，2020）、组织结构（Bark & Bell，2019；Yan et al.，2022）和层级间关系（Breeman et al.，2015）等正式组织结构和规则，较少关注科层组织中非正式关系的影响。本研究通过对向上嵌入在塑造政府注意力分配中作用的分析，从非正式关系角度丰富和拓展了组织因素对政府注意力分配影响因素的研究。

四是从注意力权衡角度纵向拓展了政府注意力分配过程的研究。既有研究都意识到政府注意力资源是有限的（Simon，1947；张海柱，2015），注意力空间内各政策议题间注意力分配呈现出零和博弈（Zhu，1992），一个政策议题注意力聚焦的增加必然意味着其他政策议题注意力聚焦的降低（Alexandrova et al.，2012；Jennings，Bevan，Timmermans，et al.，2011）。然而,既有对政府注意力分配的研究主要关注政府在公共服务、环境保护等某一具体政策议题上的注意力聚焦（曾润喜和朱利平，2021；文宏，2014；文宏和杜菲菲，2018；Jiang et al.，2019），忽视了政府在分配各政策议题注意力时的权衡过程。本研究认为，在层级行政发包的多任务情境下，政府面临着经济建设、政治建设、文化建设和生态文明建设等多项任务，并被要求保障“五位一体”统筹发展。因此，注意力分配过程是在政治、经济、社会、文化、环境等政策议题间进行权衡取舍的过程。为此，借鉴财政支出项目权衡研究方法，本研究基于整体注意力分配空间，在综合考虑环境治理、经济建设、社会建设、政治建设和文化建设等议题间相互依赖关系的基础上，实证分析了相对绩效、向上嵌入等科层组织因素对环境治理与其他政策议题间注意力权衡的影响。这不仅有助于纠正过往过于关注注意力聚焦的研究倾向，从注意力权衡角度丰富和拓展了对政府注意力分配过程的理解；也有助于我们更加生动地理解城市政府环境治理注意力分配过程，让我们了解城市政府在不同科层组织规则下用何种任务替代环境治理。

第二，本研究从两个方面补充和拓展了地方政府环境治理的研究。一是补充了地方政府环境治理研究中注意力分配机制这一重要环节。政府政策执行的过程可以看作一个三步信息处理过程，即“关注—解释—执行”。（Ocasio，1997；Stevens et al.，2015）科层规则对政策执行的影响表现为“科层规则—关注—解释—执行”四个环节。现有环境治理研究大都将地方政府环境治理注意力的不合理分配视为造成环境治理困境的主要原因（Lieberthal，1997；冉冉，2013；Ran，2013），并将其作为开展运动式治理（Van Rooij，2006；荀丽丽和包智明，2007）、干部绩效体系、监督体系改革（Golding，2011；冉冉，2013）等环境治理措施的主要纠偏对象。但现有研究主要将政府注意力作为一种分析工具（陶鹏和初春，2022），少量以环境治理注意力为中心的研究也主要采用描述性方法分析环境治理注意力的配置与变化情况。本研究从相对绩效和向上嵌入两个方面探讨了政府环境治理注意力分配变化机制，弥补了环境治理研究中对注意力分配变化机制研究不足的缺陷，为我们衔接“科层组织规则—关注——解释—执行”提供了实证依据。二是有助于从注意力分配视角丰富环境治理措施评估研究。为改善环境治理，我国实施了运动式治理、干部考核制度和监督体系改革等措施。学者也对这些措施的环境治理效果进行了评估，有的研究发现运动式治理（Jia & Chen，2019；Wang et al.，2022；Wang，2021）、改革干部考核制度（Zheng et al.，2014；Xue et al.，2014；韩博天，2018；Kostka & Zhang，2018；梅赐琪和刘志林，2013；Jiang et al.，2020；Zheng & Chen，2020）以及完善“河长制”（任敏，2015；李强，2018；王力和孙中义，2020）、环保约谈（冯贵霞，2016；李强和王琰，2020；吴建祖和王蓉娟，2019）、环保督察（陈贵梧，2022；张国磊和曹志立，2020；刘亦文等，2021；涂正革等，2020；王岭等，2019）等监督体系有利于改善环境治理，但也有研究认为运动式治理（Van Rooij，2006；荀丽丽和包智明，2007；郝亮等，2017）、改革干部考核制度（Liang，2014；Liang & Langbein，2015）、完善“河长制”（王班班等，2020；李汉卿，2018；沈坤荣和金刚，2018）、环保约谈（石庆玲等，2017；王惠娜，2019；吴建南等，2018）和督察（王岭等，2019；刘张立和吴建南，2019）等监督体系的效果有限。本研究通过检验在相对绩效、向上嵌入条件下环保约谈和环境治理制度突变对政府环境治理注意力的影响效应，从注意力分配视角丰富和拓展了环境治理政策效应的评估研究，让我们认识到环境治理政策效应评估不应仅着眼于政策措施与最终效果之间的直接关系，还应考量政策产生作用的科层组织条件，评估政策措施在何种条件下能够产生效果。

第三，本研究从注意力分配视角丰富了官员晋升激励及其效应的相关研究。已有大量研究表明，地方官员处于围绕 GDP 绩效的晋升锦标赛之中。为了晋升竞争，地方官员具有提升地区 GDP 绩效的强烈动机。（周黎安，2004，2007；Chen et al.，

2005；Li & Zhou，2005；徐现祥和王贤彬，2010；Xu，2011；Yao & Zhang，2015；Yu et al.，2016）这种情况既为经济增长提供了强大动力，也导致了一定程度的激励扭曲，使拥有较高晋升激励的地方官员更加重视经济增长和基础设施建设（周黎安，2008；郑思齐，孙伟增，吴璟和武赟，2014），而相对忽视教育、医疗等民生公共服务（傅勇和张晏，2007；王贤彬和徐现祥，2009；尹恒和朱虹，2011）。然而，现有研究往往利用处于政策过程输出阶段的财政支出数据，缺乏对政府决策过程影响的研究。此外，有些研究往往采用了"生产性/非生产性""经济性/非经济性""可视性/非可视性""可测性/非可测性"等二元分析框架，假定其他因素都独立于该二元因素，来分析晋升锦标赛对环境治理、民生建设的影响。（于文超等，2015；杨雪冬，2012；Cai et al.，2016；Carter & Mol，2013；Wu & Cao，2021；Mol & Carter，2006；Lieberthal，1997）这种二元划分方式通过简化提升了理论的穿透力，但也可能过于简化了政府决策过程。本研究基于整体政策议程空间，在充分考虑各政策议题间高度相关性的基础上，从政府注意力权衡过程视角分析了晋升锦标赛下的相对绩效对政府议程优先性设置的影响。结果表明，在晋升锦标赛的相对绩效排名中取得相对较高名次的城市政府，不仅倾向于更加重视经济发展，而且在权衡环境治理与文化建设、社会建设等政策议题时，重视推动文化建设和社会建设来促进经济增长和维护社会稳定，而忽视对晋升没有多大影响的环境治理。本研究引入注意力权衡过程视角，弥补了过往晋升锦标赛影响研究中对政府决策过程关注的不足与假定其他政策议题完全独立的缺陷，为晋升锦标赛及其影响提供了新证据。

第四，有助于从注意力分配角度为非正式关系影响政府行为提供新的证据。在当前的政府制度下，一方面自上而下的科层体系使得正式制度的约束层层递减，另一方面在政府的运行过程中，制度合法性机制所设定的目标与组织中个人或团队所追求的目标存在较大差异。而违背正式制度及运用非正式关系达成目标的成本普遍较低（张云昊，2010），导致政府中非正式关系在正式权力的获取和稀缺资源的竞争中发挥着重要作用（朱媛媛，2017）。学者也逐渐意识到将非正式关系纳入理论分析的重要价值（周飞舟，2016），开始探究非正式关系在政府中的重要作用。现有研究主要分析了非正式关系在职位晋升（Jia et al.，2015；Shih et al.，2012）和财政等资源分配方面（Jiang & Zhang，2020；Bettcher，2005；Hillman，2014；Ike，1972）的作用，并认为非正式关系是政府间“共谋”的重要基础（周雪光，2008），能够使上级政府期望获得的信息得到准确传递（Jiang & Wallace，2017），也有利于合作处理那些不利信息（Tang et al.，2022）。此外，研究还发现科层组织中的非正式关系是上级政府动员下级政府的重要途径，通过非正式关系能够更有效地提升下级政府努力程度（Jiang，2018）、公共服务效率（Toral，2019）和对弱势群体的政策回应程度（Jiang & Zeng，2020）。本研究考察了向上嵌入这种非正式关系对政府注意力分配的影响，从政府注意力分配这一视角丰富了这一领域的研究。

第五，本研究有助于增进对地方政策议程优先性排序的理解。议程设置是当代政策过程研究的热点。既有研究对政策议程设置模式（王绍光，2006；朱旭峰，2011；刘伟和黄健荣，2008；朱亚鹏，2010）、特定领域政策议程变迁（Huang，Su，Xie，Ye，Li，et al.，2015；龚文娟，2020；孙宇和冯丽烁，

2017；刘纪达和王健，2019）、政策议程设置与变迁的影响因素（吴文强和郭施宏，2018；赵静和薛澜，2017；李毅，2019；Jiang et al.，2019；尹云龙，2019；韩志明，2012；于永达和药宁，2013；朱旭峰和田君，2008）、政策议程的间断均衡特征及成因（邝艳华，2015；李文钊，庞伟和吴珊，2019；Chan & Zhao，2016）都进行了卓有成效的研究，有助于我们从总体上了解政府议程设置及其变迁情况。但现有研究要么从宏观整体上关注总体议程设置模式，要么从微观上关注某具体政策议题在如何变迁，缺少从中观层面基于整体政策议程空间对各政策议题间优先性排序及其影响机制的探讨。政策议程空间内的各个政策议题有着不同的优先性（Baumgartner & Jones，1993），缺乏从中观层面对政策议程空间内各政策议题间关系的分析，导致我们难以理解地方政府政策议程优先性排序及其演化机制。本研究通过利用政府工作报告这一综合性法定政策文件，在对政策议程空间内各议题分布进行测量的基础上，从科层组织内部对官员有重要影响的相对绩效和向上嵌入两个维度探讨了各政策议题优先性排序的变化机制，为我们打开了议程设置中政策议程空间这一"黑箱"，增进了对地方政府如何对各政策议题进行优先性排序、哪些力量在塑造这种排序的理解。

二、实践启示

本研究表明相对绩效和向上嵌入对城市政府环境治理注意力分配有重要影响，而环保约谈和2013年后环境治理制度环境结构性突变的作用因科层组织规则的不同而不同。在注意力空间内，各政策议题注意力之间存在复杂的权衡关系。这一研究可能具有以下实践启示：

首先，应进一步设计和完善我国地方主政官员多元化的考核体系，引导官员更加合理地分配注意力。经过四十多年的高速发展，我国人均收入已达到世界中等水平。但与此同时，经济发展与其他政策议题之间的矛盾也在不断加深。为此，党的十八大站在历史和全局的战略高度，对推进新时代经济建设、政治建设、文化建设、社会建设和生态文明建设“五位一体”总体布局作了全面部署，从经济、政治、文化、社会、生态文明五个方面，制定了新时代推进“五位一体”总体布局的战略目标。然而，本研究发现，在经济增长横向排名的强激励下，城市政府更偏向经济建设等议题，相对忽视环境治理。环保约谈、环境治理制度环境突变尚难以有效抑制这种负面影响。因此，应在“五位一体”目标引领下，进一步设计和完善地方政府主政官员多元化的晋升考核制度，引导地方政府在各政策议题上更合理地分配注意力，促进各项事业全面协调发展。

其次，在设计官员考核制度时，应注意政策议程空间内各政策议题间的复杂互动。本研究发现，议程空间内各政策议题之间存在着复杂的权衡关系，而且不同科层组织规则可能导致不同的互动权衡。例如，经济增长相对绩效排名可能引发经济建设、社会建设和文化建设与环境治理的权衡，而向上嵌入则导致了环境治理与经济建设、社会建设与政治建设间的权衡。在相对绩效排名靠前的情境下，2013 年后环境治理制度环境突变可能没有让地方政府重视环境保护，而是提高对文化建设的重视度来变相追求经济增长。因此，在设计官员晋升考核制度时，应该将其放置在整个议程空间中，查看该项制度在议程空间中引发的复杂互动和最终结果，以保障改革目标的实现。

第三，应重视非正式关系在科层组织体系中的影响。许多学者已对非正式关系在政府科层组织体系中的作用进行了论述。（艾云，2011；周飞舟，2016；周雪光，2005，2008；周雪光和练宏，2011）本研究利用大样本定量研究分析了其对地方政府注意力分配的作用。官员嵌入的社会网络构建了其行为的具体情境，对官员的注意力分配产生着重要影响。因此，在设计政府考核制度时，应注重将其放置于官员具体社会网络中，查看其在该社会网络中将会如何强化、弱化或偏移。

参考文献

中文参考文献

[1] 艾云，2011. 上下级政府间“考核检查”与“应对”过程的组织学分析：以 A 县“计划生育”年终考核为例 [J]. 社会，31（3）：68–87.

[2] 包国宪，关斌，2019. 财政压力会降低地方政府环境治理效率吗——一个被调节的中介模型 [J]. 中国人口·资源与环境，29（4）：38–48.

[3] 陈贵梧，2022. 中央生态环境保护督察何以有效？——一个“引导式共识”概念性框架 [J]. 中国行政管理（5）：119–127.

[4] 陈辉，2021. 县域治理中的领导注意力分配 [J]. 求索（1）：180–187.

[5] 陈家建，2013. 项目制与基层政府动员——对社会管理项目化运作的社会学考察 [J]. 中国社会科学（2）：64–79.

[6] 陈家建，2015. 督查机制：科层运动化的实践渠道 [J]. 公共行政评论（2）：5–21+179.

[7] 陈那波，张程，2022.“领导重视什么及为何？”：省级党政决策的注意力分配研究——基于 2010—2017 年省委机关报的省级领导批示 [J]. 公共管理与政策评论，11（4）：85–102.

[8] 陈能场，郑煜基，何晓峰，等，2017.《全国土壤污染状况调查公报》探析 [J]. 农业环境科学学报，36（9）：1689-1692.

[9] 陈思丞，2021. 领导批示：注意力变动的内在逻辑 [M]. 新加坡：世界科技出版公司 .

[10] 陈思丞，孟庆国，2016. 领导人注意力变动机制探究——基于毛泽东年谱中 2614 段批示的研究 [J]. 公共行政评论（3）：148-176+189-190.

[11] 陈思霞，卢盛峰，2014. 分权增加了民生性财政支出吗？——来自中国“省直管县”的自然实验 [J]. 经济学（季刊），13（4）：1261-1282.

[12] 陈天祥，2019. 如何赋予省级政府更多自主权？ [J]. 探索（1）：19-26+2.

[13] 陈晓运，2019. 运动式治理的注意力触发机制探析——以北京空气污染治理为例 [J]. 福建行政学院学报（4）：72-82.

[14] 陈晓运，张婷婷，2015. 地方政府的政策营销——以广州市垃圾分类为例 [J]. 公共行政评论，8（6）：134-153+188.

[15] 陈占江，包智明，2013. 制度变迁，利益分化与农民环境抗争——以湖南省 X 市 Z 地区为个案 [J]. 中央民族大学学报（哲学社会科学版）（4）：50-61.

[16] 代凯，2017. 注意力分配：研究政府行为的新视角 [J]. 理论月刊（3）：107-112.

[17] 邓慧慧，杨露鑫，2019. 雾霾治理，地方竞争与工业绿色转型 [J]. 中国工业经济（10）：118-136.

[18] 邓雪琳，2015. 改革开放以来中国政府职能转变的测量——基于国务院政府工作报告（1978-2015）的文本分析 [J].

中国行政管理（8）：30–36.

[19] 第一财经日报，2015. 揭秘政府工作报告出炉流　程 [EB/OL].（2015）[2022–08–17].http：//www.gov.cn/zhengce/2015–01/20/content_2806794.htm.

[20] 杜兴强，曾泉，吴洁雯，2012. 官员历练，经济增长与政治擢升——基于 1978~2008 年中国省级官员的经验证据 [J]. 金融研究（2）：30–47.

[21] 冯贵霞，2016. “共识互动式”环保政策执行网络的形成——以环保约谈制为例 [J]. 东岳论丛，37（4）：55–61.

[22] 冯芸，吴冲锋，2013. 中国官员晋升中的经济因素重要吗？ [J]. 管理科学学报，16（11）：55–68.

[23] 符平，2009. “嵌入性”：两种取向及其分歧 [J]. 社会学研究，24（5）：141–164+245.

[24] 傅勇，2010. 财政分权，政府治理与非经济性公共物品供给 [J]. 经济研究，45（8）：4–15+65.

[25] 傅勇，张晏，2007. 中国式分权与财政支出结构偏向：为增长而竞争的代价 [J]. 管理世界（3）：4–12+22.

[26] 高宏霞，杨林，付海东，2012. 中国各省经济增长与环境污染关系的研究与预测——基于环境库兹涅茨曲线的实证分析 [J]. 经济学动态（1）：52–57.

[27] 葛察忠，王金南，翁智雄，等，2015. 环保督政约谈制度探讨 [J]. 环境保护，43（12）：23–26.

[28] 龚文娟，2020. 城市生活垃圾治理政策变迁——基于 1949–2019 年城市生活垃圾治理政策的分析 [J]. 学习与探索（2）：28–35.

[29] 郭高晶，孟溦，2018. 中国（上海）自由贸易试验区政

府职能转变的注意力配置研究——基于83篇政策文本的加权共词分析[J].情报杂志，37（2）：63-68.

[30]国家统计局，2022.新理念引领新发展新时代开创新局面——党的十八大以来经济社会发展成就系列报告之一[EB/OL].（2022）[2022-09-21].http：//www.stats.gov.cn/tjsj/sjjd/202209/t20220913_1888189.html.

[31]国务院办公厅，2008.国务院常务会议部署扩大内需促进经济增长的措施[EB/OL]//中央政府门户网站.（2008）[2022-08-25].http：//www.gov.cn/ldhd/2008-11/09/content_1143689.htm.

[32]国务院办公厅，2013.国务院关于印发大气污染防治行动计划的通知[EB/OL].（2013）[2022-08-17].http：//www.gov.cn/zwgk/2013-09/12/content_2486773.htm.

[33]韩博天，2018.红天鹅：中国非常规决策过程[M].香港：香港中文大学出版社.

[34]韩超，张伟广，单双，2016.规制治理，公众诉求与环境污染——基于地区间环境治理策略互动的经验分析[J].财贸经济（9）：144-161.

[35]韩志明，2012.利益表达、资源动员与议程设置——对于“闹大”现象的描述性分析[J].公共管理学报，9（2）：52-66+124.

[36]郝亮，黄宝荣，苏利阳，等，2017.环保约谈对政策执行“中梗阻”的疏通机制研究：以临沂市为例[J].中国环境管理，9（1）：75-80.

[37]何兰萍，曹婧怡，2021.政策注意力与政策工具：社区韧性治理的逻辑演进——基于2000—2020年政策文本分析[J].天津大学学报（社会科学版）,23（5）：443-451.

[38] 何伟日，2016. 环保行政约谈制度的现实困境与完善路径——基于功能主义立场和行政过程视角的审思 [J]. 南京航空航天大学学报（社会科学版），18（4）：61–67.

[39] 何艳玲，汪广龙，陈时国，2014. 中国城市政府支出政治分析 [J]. 中国社会科学（7）：87–106+206.

[40] 胡锦涛，2016a. 胡锦涛文选：第二卷 [M]. 北京：人民出版社 .

[41] 胡锦涛，2016b. 胡锦涛文选：第三卷 [M]. 北京：人民出版社 .

[42] 胡乔木，1993. 胡乔木文集：第二卷 [M]. 北京：人民出版社 .

[43] 胡业飞，崔杨杨，2015. 模糊政策的政策执行研究——以中国社会化养老政策为例 [J]. 公共管理学报，12（2）：93–105+157.

[44] 黄冬娅，2020. 压力传递与政策执行波动——以 A 省 X 产业政策执行为例 [J]. 政治学研究（6）：104–116+128.

[45] 黄佳圳，2018. 基层警员执法的注意力与时间分配研究——基于广东省 F 市 S 区公安分局的工作日志 [J]. 公共管理学报，15（4）：52–67.

[46] 贾锋平，王刚，2017. 我国二氧化硫排放现状分析 [J]. 宁波节能（5）：16–25.

[47] 江艇，孙鲲鹏，聂辉华，2018. 城市级别，全要素生产率和资源错配 [J]. 管理世界，34（3）：38–50+77+183.

[48] 康辰怿，张华，2021. 政府环境审计能够促进重污染企业创新吗？ [J]. 环境经济研究，6（4）：102–125.

[49] 邝艳华，2015. 环保支出决策：渐进还是间断均衡——

基于中国省级面板数据的分析 [J]. 甘肃行政学院学报（2）：52–61+126–127.

[50] 赖诗攀，2015. 中国科层组织如何完成任务：一个研究述评 [J]. 甘肃行政学院学报（2）：15–30+125.

[51] 赖诗攀，2020. 强激励效应扩张：科层组织注意力分配与中国城市市政支出的“上下”竞争（1999—2010）[J]. 公共行政评论，13（1）：43–62+196–197.

[52] 李锋，孟天广，2016. 策略性政治互动：网民政治话语运用与政府回应模式 [J]. 武汉大学学报（人文科学版），69（5）：119–129.

[53] 李汉卿，2018. 行政发包制下河长制的解构及组织困境：以上海市为例 [J]. 中国行政管理（11）：114–120.

[54] 李娉，杨宏山，2020. 城市基层治理改革的注意力变迁——基于 1998—2019 年北京市政府工作报告的共词分析 [J]. 城市问题（3）：79–87.

[55] 李强，2018. 河长制视域下环境分权的减排效应研究 [J]. 产业经济研究（3）：53–63.

[56] 李强，王琰，2020. 环境分权，环保约谈与环境污染 [J]. 统计研究，37（6）：66–78.

[57] 李文钊，庞伟，吴珊，2019. 中国预算变迁遵循间断 - 均衡逻辑吗？——基于 2007—2019 年中国财政预算数据的实证研究 [J]. 公共行政评论，12（5）：12–27+211.

[58] 李晓明，傅小兰，2004. 情绪性权衡困难下的决策行为 [J]. 心理科学进展（6）：801–808.

[59] 李毅，2019. 社会建构类型转换与公共政策变迁——以中国网约车监管政策演变为例 [J]. 公共管理与政策评论，8（5）：

58-69.

[60] 李永友，张子楠，2017. 转移支付提高了政府社会性公共品供给激励吗？[J]. 经济研究，52（1）：119-133.

[61] 李宇环，2016. 邻避事件治理中的政府注意力配置与议题识别 [J]. 中国行政管理（9）：122-127.

[62] 李子豪，2017. 公众参与对地方政府环境治理的影响——2003—2013 年省际数据的实证分析 [J]. 中国行政管理（8）：102-108.

[63] 练宏，2015. 注意力分配——基于跨学科视角的理论述评 [J]. 社会学研究，30（4）：215-241+246.

[64] 练宏，2016a. 注意力竞争——基于参与观察与多案例的组织学分析 [J]. 社会学研究，31（4）：1-26+242.

[65] 练宏，2016b. 弱排名激励的社会学分析——以环保部门为例 [J]. 中国社会科学（1）：82-99+205.

[66] 辽宁日报，2022. 辽宁省通报第二轮中央生态环境保护督察移交问题追责问责情况 [EB/OL]// 辽宁省人民政府 .（2022）[2022-08-18].http：//www.ln.gov.cn/qmzx/dtzls/gztj_148685/202207/t20220703_4607251.html.

[67] 林春，孙英杰，刘钧霆，2019. 财政分权对中国环境治理绩效的合意性研究——基于系统 GMM 及门槛效应的检验 [J]. 商业经济与管理（2）：74-84.

[68] 林嵩，许健，2016. 企业的嵌入性研究述评 [J]. 工业技术经济，35（11）：109-114.

[69] 林雪霏，周敏慧，傅佳莎，2019. 官僚体制与协商民主建设——基于中国地方官员协商民主认知的实证研究 [J]. 公共行政评论，12（1）：109-131+214.

[70] 刘焕，吴建南，孟凡蓉，2016. 相对绩效，创新驱动与政府绩效目标偏差——来自中国省级动态面板数据的证据 [J]. 公共管理学报，13（3）：23–35+153–154.

[71] 刘纪达，王健，2019. 变迁与演化：中国退役军人安置保障政策主题和机构关系网络研究 [J]. 公共管理学报，16（4）：142–155+175.

[72] 刘景江，王文星，2014. 管理者注意力研究：一个最新综述 [J]. 浙江大学学报（人文社会科学版），44（2）：1–10.

[73] 刘军强，谢延会，2015. 非常规任务、官员注意力与中国地方议事协调小组治理机制——基于 A 省 A 市的研究（2002~2012）[J]. 政治学研究（4）：84–97.

[74] 刘儒昞，王海滨，2017. 领导干部自然资源资产离任审计演化分析 [J]. 审计研究（4）：32–38.

[75] 刘伟，黄健荣，2008. 当代中国政策议程创建模式嬗变分析 [J]. 公共管理学报（3）：30–40+122.

[76] 刘亦文，王宇，胡宗义，2021. 中央环保督察对中国城市空气质量影响的实证研究——基于“环保督查”到“环保督察”制度变迁视角 [J]. 中国软科学（10）：21–31.

[77] 刘张立，吴建南，2019. 中央环保督察改善空气质量了吗？——基于双重差分模型的实证研究 [J]. 公共行政评论，12（2）：23–42+193–194.

[78] 卢盛峰，陈思霞，杨子涵，2017.“官出数字”：官员晋升激励下的 GDP 失真 [J]. 中国工业经济（7）：118–136.

[79] 罗党论，佘国满，陈杰，2015. 经济增长业绩与地方官员晋升的关联性再审视——新理论和基于地级市数据的新证据 [J]. 经济学（季刊），14（3）：1145–1172.

[80] 吕捷，鄢一龙，唐啸，2018.“碎片化”还是“耦合”？五年规划视角下的央地目标治理 [J]. 管理世界 2018,34（4）：55–66.

[81] 马亮，2013a. 电子政务发展的影响因素：中国地级市的实证研究 [J]. 电子政务（9）：50–63.

[82] 马亮，2013b. 官员晋升激励与政府绩效目标设置——中国省级面板数据的实证研究 [J]. 公共管理学报，10（2）：28–39+138.

[83] 马亮，2016. 绩效排名、政府响应与环境治理：中国城市空气污染控制的实证研究 [J]. 南京社会科学（8）：66–73.

[84] 梅赐琪，刘志林，2013. 行政问责与政策行为从众：“十一五”节能目标实施进度地区间差异考察 [J]. 中国人口资源与环境，22（12）：127–134.

[85] 孟庆国，王友奎，陈思丞，2022. 官员任期、财政资源与数字时代地方政府组织声誉建构——基于 2000 万条省级政府网站数据的实证研究 [J]. 公共管理与政策评论，11（4）：20–37.

[86] 聂辉华，李金波，2006. 政企合谋与经济发展 [J]. 经济学（季刊），6（1）：75–90.

[87] 庞明礼，2019. 领导高度重视：一种科层运作的注意力分配方式 [J]. 中国行政管理（4）：93–99.

[88] 彭时平，吴建瓴，2010. 地方政府相对绩效考核的逻辑与问题 [J]. 经济体制改革（6）：36–41.

[89] 齐晔，2013. 中国低碳发展报告（2013）——政策执行与制度创新 [M]. 北京：社会科学文献出版社 .

[90] 钱先航，曹廷求，李维安，2011. 晋升压力，官员任期

与城市商业银行的贷款行为 [J]. 经济研究，46（12）：72–85.

[91] 乔坤元，2013a. 我国官员晋升锦标赛机制的再考察——来自省、市两级政府的证据 [J]. 财经研究，39（4）：123–133.

[92] 乔坤元，2013b. 我国官员晋升锦标赛机制：理论与证据 [J]. 经济科学（1）：88–98.

[93] 乔坤元，周黎安，刘冲，2014. 中期排名、晋升激励与当期绩效: 关于官员动态锦标赛的一项实证研究 [J]. 经济学报，1（3）：84 –106.

[94] 秦浩，2020. 地方政府环境治理中的注意力配置——基于 20 项省域生态环境保护政策的 NVivo 分析 [J]. 环境保护与循环经济，40（8）：77–84.

[95] 屈文波，李淑玲，2020. 中国环境污染治理中的公众参与问题 [J]. 北京理工大学学报（社会科学版），22（6）：1–10.

[96] 冉冉，2013. "压力型体制" 下的政治激励与地方环境治理 [J]. 经济社会体制比较（3）：111–118.

[97] 冉冉，2015. 道德激励，纪律惩戒与地方环境政策的执行困境 [J]. 经济社会体制比较（2）：153–164.

[98] 冉冉，2019. 如何理解环境治理的 "地方分权" 悖论：一个推诿政治的理论视角 [J]. 经济社会体制比较（4）：68–76.

[99] 人民日报，2019. 织密扎牢全民共享的社会保障安全网 [EB/OL]// 新 华 网 .（2019）[2022–08–25].http：//www.xinhuanet.com/politics/2019–09/24/c_1125031878.htm.

[100] 人民网，2013. 京津冀及周边地区大气污染防治协作机制启动 [EB/OL]// 新浪财经 .（2013）[2022–08–17].http：//finance.sina.com.cn/china/20131023/223617088909.shtml.

[101] 人民网，2018. 首轮中央环保督察反馈全面收官

[EB/OL].（2018）[2022-08-18].http：//politics.people.com.cn/n1/2018/0108/c1001-29750061.html.

[102] 任敏，2015.“河长制”：一个中国政府流域治理跨部门协同的样本研究 [J]. 北京行政学院学报（3）：25-31.

[103] 申伟宁，柴泽阳，张韩模，2020. 异质性生态环境注意力与环境治理绩效——基于京津冀《政府工作报告》视角 [J]. 软科学，34（9）：65-71.

[104] 沈洪涛，周艳坤，2017. 环境执法监督与企业环境绩效：来自环保约谈的准自然实验证据 [J]. 南开管理评论，20（6）：73-82.

[105] 沈坤荣，金刚，2018. 中国地方政府环境治理的政策效应——基于“河长制”演进的研究 [J]. 中国社会科学（5）：92-115+206.

[106] 生态环境部，2019.2018 中国生态环境状况公报 [R]. 北京：生态环境部：10-11.

[107] 盛斌，吕越，2012. 外国直接投资对中国环境的影响——来自工业行业面板数据的实证研究 [J]. 中国社会科学（5）：54-75.

[108] 石庆玲，陈诗一，郭峰，2017. 环保部约谈与环境治理：以空气污染为例 [J]. 统计研究，34（10）：88-97.

[109] 宋马林，王舒鸿，2011. 环境库兹涅茨曲线的中国“拐点”：基于分省数据的实证分析 [J]. 管理世界（10）：168-169.

[110] 宋冉，陈广汉，2016. 官员特征、经历与地方政府教育支出偏好——来自中国地级市的经验证据 [J]. 经济管理，38（12）：149-169.

[111] 孙静，马海涛，王红梅，2019. 财政分权、政策协同

与大气污染治理效率——基于京津冀及周边地区城市群面板数据分析 [J]. 中国软科学（8）：154–165.

[112] 孙宇，冯丽烁，2017.1994–2014 年中国互联网治理政策的变迁逻辑 [J]. 情报杂志，36（1）：87–91.

[113] 孙雨，2019. 中国地方政府“注意力强化”现象的解释框架——基于 S 省 N 市环保任务的分析 [J]. 北京社会科学（11）：41–50.

[114] 谭海波，2019. 技术管理能力、注意力分配与地方政府网站建设——一项基于 TOE 框架的组态分析 [J]. 管理世界，35（9）：81–94.

[115] 谭爽，胡象明，2016. 邻避运动与环境公民的培育——基于 A 垃圾焚烧厂反建事件的个案研究 [J]. 中国地质大学学报（社会科学版），16（5）：52–63.

[116] 谭之博，周黎安，2015. 官员任期与信贷和投资周期 [J]. 金融研究（6）：80–93.

[117] 唐睿，刘红芹，2012. 从 GDP 锦标赛到二元竞争：中国地方政府行为变迁的逻辑——基于 1998—2006 年中国省级面板数据的实证研究 [J]. 公共管理学报，9（1）：9–16+121–122.

[118] 唐啸，周绍杰，刘源浩，等，2017. 加大行政奖惩力度是中国环境绩效改善的主要原因吗？[J]. 中国人口·资源与环境，27（9）：83–92.

[119] 陶鹏，2019. 论政治注意力研究的基础观与本土化 [J]. 上海行政学院学报，20（6）：63–71.

[120] 陶鹏，初春，2020. 府际结构下领导注意力的议题分配与优先：基于公开批示的分析 [J]. 公共行政评论，13（1）：63–78.

[121] 陶鹏，初春，2022. 领导注意力的传播效应：党政结构视角及环保议题实证 [J]. 公共管理学报，19（1）：72–83+170.

[122] 陶然，陆曦，苏福兵，等，2009. 地区竞争格局演变下的中国转轨：财政激励和发展模式反思 [J]. 经济研究，44（7）：21–33.

[123] 陶然，苏福兵，陆曦，等，2010. 经济增长能够带来晋升吗？——对晋升锦标竞赛理论的逻辑挑战与省级实证重估 [J]. 管理世界（12）：13–26.

[124] 涂正革，邓辉，谌仁俊，等，2020. 中央环保督察的环境经济效益：来自河北省试点的证据 [J]. 经济评论（1）：3–16.

[125] 王班班，莫琼辉，钱浩祺，2020. 地方环境政策创新的扩散模式与实施效果——基于河长制政策扩散的微观实证 [J]. 中国工业经济（8）：99–117.

[126] 王宝顺，刘京焕，2011. 中国地方城市环境治理财政支出效率评估研究 [J]. 城市发展研究，18（4）：71–76.

[127] 王刚，毛杨，2019. 海洋环境治理的注意力变迁：基于政策内容与社会网络的分析 [J]. 中国海洋大学学报（社会科学版）（1）：29–37.

[128] 王国红，2007. 我国干部管理制度对政策执行的影响 [J]. 桂海论丛（4）：38–41.

[129] 王汉生，王一鸽，2009. 目标管理责任制：农村基层政权的实践逻辑 [J]. 社会学研究，24（2）：61–92+244.

[130] 王惠娜，2019. 环保约谈对环境监管的影响分析：基于 34 个城市的断点回归方法研究 [J]. 学术研究（1）：71–78.

[131] 王力，孙中义，2020. 河长制的环境与经济双重红利

效应研究——基于长江经济带河长制政策实施的准自然实验 [J]. 软科学，34（11）：40–45.

[132] 王岭，刘相锋，熊艳，2019. 中央环保督察与空气污染治理——基于地级城市微观面板数据的实证分析 [J]. 中国工业经济（10）：5–22.

[133] 王琪，田莹莹，2021. 中国政府环境治理的注意力变迁——基于国务院《政府工作报告》（1978—2021）的文本分析 [J]. 福建师范大学学报（哲学社会科学版）（4）：74–84+170–171.

[134] 王仁和，任柳青，2021. 地方环境政策超额执行逻辑及其意外后果——以 2017 年煤改气政策为例 [J]. 公共管理学报，18（1）：33–44+168.

[135] 王绍光，2006. 中国公共政策议程设置的模式 [J]. 中国社会科学（5）：86–99.

[136] 王贤彬，徐现祥，2009. 转型期的政治激励、财政分权与地方官员经济行为 [J]. 南开经济研究（2）：58–79.

[137] 王贤彬，张莉，徐现祥，2011. 辖区经济增长绩效与省长省委书记晋升 [J]. 经济社会体制比较（1）：110–122.

[138] 王猋，2020. 排名、激励与绩效——来自实验的证据 [J]. 软科学，34（4）：113–118.

[139] 王印红，李萌竹，2017. 地方政府生态环境治理注意力研究——基于 30 个省市政府工作报告（2006—2015）文本分析 [J]. 中国人口·资源与环境，27（2）：28–35.

[140] 王迎冬，赵镇，2020. 民营企业家网络嵌入性对多元化战略选择的影响——注意力分配的中介作用视角 [J]. 河南科技大学学报（社会科学版），38（1）：45–54.

[141] 王永钦，张晏，章元，等，2007. 中国的大国发展道路——论分权式改革的得失 [J]. 经济研究（1）：4–16.

[142] 王媛，2016. 官员任期、标尺竞争与公共品投资 [J]. 财贸经济（10）：45–58.

[143] 王长征，彭小兵，彭洋，2020. 地方政府大数据治理政策的注意力变迁——基于政策文本的扎根理论与社会网络分析 [J]. 情报杂志，39（12）：111–118.

[144] 魏后凯，2014. 中国城市行政等级与规模增长 [J]. 城市与环境研究，1（1）：4–17.

[145] 魏鹏举，2014. 中国文化产业投融资的现状与趋势 [J]. 前线（10）：43–46.

[146] 魏伟，郭崇慧，陈静锋，2018. 国务院政府工作报告（1954—2017）文本挖掘及社会变迁研究 [J]. 情报学报，37（4）：406–421.

[147] 温丹辉，孙振清，2018. 行政发包制在大气环境治理中的作用——基于随机演化博弈模型 [J]. 北京理工大学学报（社会科学版），20（3）：1–7.

[148] 文宏，2014. 中国政府推进基本公共服务的注意力测量——基于中央政府工作报告（1954—2013）的文本分析 [J]. 吉林大学社会科学学报，54（2）：20–26+171.

[149] 文宏，杜菲菲，2018. 注意力、政策动机与政策行为的演进逻辑——基于中央政府环境保护政策进程（2008—2015 年）的考察 [J]. 行政论坛，25（2）：80–87.

[150] 文宏，赵晓伟，2015. 政府公共服务注意力配置与公共财政资源的投入方向选择——基于中部六省政府工作报告（2007—2012 年）的文本分析 [J]. 软科学，29（6）：5–9.

[151] 吴宾，唐薇，2019. 中国政府推进老龄事业发展的注意力配置研究——基于中央政府工作报告（1978—2018）的内容分析 [J]. 中州学刊（5）：65–71.

[152] 吴建南，文婧，秦朝，2018. 环保约谈管用吗？——来自中国城市大气污染治理的证据 [J]. 中国软科学（11）：66–75.

[153] 吴建南，徐萌萌，马艺源，2016. 环保考核、公众参与和治理效果：来自 31 个省级行政区的证据 [J]. 中国行政管理（9）：75–81.

[154] 吴建祖，王蓉娟，2019. 环保约谈提高地方政府环境治理效率了吗？——基于双重差分方法的实证分析 [J]. 公共管理学报，16（1）：54–65+171–172.

[155] 吴敏，周黎安，2018. 晋升激励与城市建设：公共品可视性的视角 [J]. 经济研究，53（12）：97–111.

[156] 吴少微，杨忠，2017. 中国情境下的政策执行问题研究 [J]. 管理世界（2）：85–96.

[157] 吴文强，郭施宏，2018. 价值共识、现状偏好与政策变迁——以中国卫生政策为例 [J]. 公共管理学报，15（1）：46–57+155–156.

[158] 吴彦文，游旭群，李海霞，2014. 注意力资源限制与双任务的相互干扰机制 [J]. 心理学报，46（2）：174–184.

[159] 吴艳红，2011. 地方政府经济思维下的文化建设——以富阳"运动休闲之城"的打造为例 [J]. 文化纵横（3）：74–79.

[160] 肖红军，阳镇，姜倍宁，2021. 企业社会责任治理的政府注意力演化——基于 1978—2019 中央政府工作报告的文本

分析 [J]. 当代经济科学，43（2）：58–73.

[161] 谢秋山，许源源，2012.“央强地弱”政治信任结构与抗争性利益表达方式——基于城乡二元分割结构的定量分析 [J]. 公共管理学报，9（4）：12–20+122–123.

[162] 新华每日电讯，2012. 坚持五位一体把握总体布局 [EB/OL]// 人民网 .（2012）[2022–08–29].http：//cpc.people.com.cn/pinglun/n/2012/1121/c78779–19645212.html.

[163] 新华社，2017. 中央环保督察组向吉林省反馈督察情况 [EB/OL].（2017）[2022–08–18].http：//www.gov.cn/xinwen/2017–12/27/content_5250826.htm.

[164] 新华网，2012. 中共宣示“五位一体”建设中国特色社会主义 [EB/OL]// 中国共产党第十八次全国代表大会 .（2012）[2022–08–29].http：//www.xinhuanet.com//18cpcnc/2012–11/08/c_113642740.htm.

[165] 徐鹏庆，杨晓雯，郑延冰，2016. 政治激励下地方政府职能异化研究——以基础教育的供给为例 [J]. 财政研究（5）：39–53.

[166] 徐斯俭，2010. 垃圾政治学中的公共参与：广州番禺的垃圾焚烧发电厂抗争 [J]. 当代中国研究通讯（14）：6–9.

[167] 徐现祥，王贤彬，2010. 晋升激励与经济增长：来自中国省级官员的证据 [J]. 世界经济，33（2）：15–36.

[168] 徐岩，范娜娜，陈那波，2015. 合法性承载：对运动式治理及其转变的新解释——以 A 市 18 年创卫历程为例 [J]. 公共行政评论，8（2）：22–46+179.

[169] 徐艳晴，周志忍，2020. 我国政府环境信息质量注意力研究——基于政策文本分析 [J]. 内蒙古社会科学，41（4）：

33–39.

[170] 许中波，2019.“环保嵌入扶贫”：政策目标组合下的基层治理 [J]. 华南农业大学学报（社会科学版），18（6）：12–22.

[171] 薛冰，郭斌，2007. 西部生态环境治理的成本—收益分析——基于政府职能转变的视角 [J]. 上海经济研究（12）：112–114+122.

[172] 荀丽丽，包智明，2007. 政府动员型环境政策及其地方实践——关于内蒙古 S 旗生态移民的社会学分析 [J]. 中国社会科学（5）：114–128+20.

[173] 燕继荣，2013. 中国政府改革的定位与定向 [J]. 政治学研究（6）：31–38.

[174] 杨爱平，余雁鸿，2012. 选择性应付：社区居委会行动逻辑的组织分析——以 G 市 L 社区为例 [J]. 社会学研究，27（4）：105–126+243–244.

[175] 杨海生，陈少凌，周永章，2008. 地方政府竞争与环境政策——来自中国省份数据的证据 [J]. 南方经济（6）：15–30.

[176] 杨宏山，李沁，2021. 政策试验的注意力调控与适应性治理 [J]. 行政论坛，28（3）：59–67.

[177] 杨良松，2013. 中国的财政分权与地方教育供给——省内分权与财政自主性的视角 [J]. 公共行政评论，6（2）：104–134+180–181.

[178] 杨其静，郑楠，2013. 地方领导晋升竞争是标尺赛、锦标赛还是资格赛 [J]. 世界经济，36（12）：130–156.

[179] 杨雪冬，2012. 压力型体制：一个概念的简明史 [J]. 社

会科学（11）：4–12.

[180] 姚洋，张牧扬，2013. 官员绩效与晋升锦标赛——来自城市数据的证据 [J]. 经济研究，48（1）：137–150.

[181] 叶贵仁，2010. 乡镇领导人寻求晋升的策略研究——以广东省 T 镇为个案 [J]. 武汉大学学报（哲学社会科学版），61（4）：592–599.

[182] 易兰丽，范梓腾，2022. 层级治理体系下的政策注意力识别偏好与政策采纳——以省级“互联网 + 政务服务”平台建设为例 [J]. 公共管理学报 ,19（1）：40–51+167.

[183] 尹恒，朱虹，2011. 县级财政生产性支出偏向研究 [J]. 中国社会科学（1）：88–101+222.

[184] 尹云龙，2019. 基于多源流理论视角的我国扶贫政策变迁动力模式研究 [J]. 学术交流（1）：126–136.

[185] 于文超，2015. 公众诉求、政府干预与环境治理效率——基于省级面板数据的实证分析 [J]. 云南财经大学学报（5）：132–139.

[186] 于文超，高楠，查建平，2015. 政绩诉求、政府干预与地区环境污染——基于中国城市数据的实证分析 [J]. 中国经济问题（5）：35–45.

[187] 于永达，药宁，2013. 政策议程设置的分析框架探索——兼论本轮国务院机构改革的动因 [J]. 中国行政管理（7）：27–31.

[188] 余敏江，2019. 生态理性的生产与再生产——中国城市环境治理 40 年 [M]. 上海：上海交通大学出版社 .

[189] 郁建兴，蔡尔津，高翔，2016. 干部选拔任用机制在纵向地方政府间关系中的作用与限度——基于浙江省市县党政

负责人的问卷调查 [J]. 中共浙江省委党校学报，32（1）：12-21.

[190] 郁建兴，高翔，2012. 地方发展型政府的行为逻辑及制度基础 [J]. 中国社会科学（5）：95-112+206-207.

[191] 战旭英，2017.“一票否决制”检视及其完善思路 [J]. 理论探索（6）：79-84.

[192] 张敖春，2017. 政府决策的注意力机制：理论框架与制度设计 [J]. 云南财经大学学报，33（4）：153-160.

[193] 张程，2020. 数字治理下的“风险压力 - 组织协同”逻辑与领导注意力分配——以 A 市“市长信箱”为例 [J]. 公共行政评论，13（1）：79-98+197-198.

[194] 张根海，郝立英，2013. 中国文化产业发展：现状，问题与对策 [J]. 学术论坛，36（10）：167-170.

[195] 张国磊，曹志立，2020. 中央环保督察，地方政府回应与环境治理取向 [J]. 北京理工大学学报（社会科学版），22（5）：14-22+41.

[196] 张海柱，2015. 中国政府管理海洋事务的注意力及其变化——基于国务院《政府工作报告》（1954—2015）的分析 [J]. 太平洋学报，23（11）：1-9.

[197] 张劼颖，2016. 从“生物公民”到“环保公益”：一个基于案例的环保运动轨迹分析 [J]. 开放时代（2）：139-157+7-8.

[198] 张军，2005. 中国经济发展：为增长而竞争 [J]. 世界经济文汇（4）：101-105.

[199] 张军，樊海潮，许志伟，等，2020.GDP 增速的结构性下调：官员考核机制的视角 [J]. 经济研究，55（5）：31-48.

[200] 张军，高远，2007. 官员任期、异地交流与经济增长——来自省级经验的依据 [J]. 经济研究（11）：91–103.

[201] 张军，高远，傅勇，等，2007. 中国为什么拥有了良好的基础设施？ [J]. 经济研究，（3）：4–19.

[202] 张坤鑫，2021. 地方政府注意力与环境政策执行力的倒 U 形关系研究 [J]. 公共管理评论，3（4）：132–161.

[203] 张凌云，齐晔，2010. 地方环境监管困境解释——政治激励与财政约束假说 [J]. 中国行政管理（3）：93–97.

[204] 张牧扬，2013. 晋升锦标赛下的地方官员与财政支出结构 [J]. 世界经济文汇（1）：86–103.

[205] 张平，赵国昌，罗知，2012. 中央官员来源与地方经济增长 [J]. 经济学（季刊），11（2）：613–634.

[206] 张文彬，李国平，2014. 环境保护与经济发展的利益冲突分析——基于各级政府博弈视角 [J]. 中国经济问题（6）：16–25.

[207] 张云昊，2010. 基层政府运行中的“过度关系化现象”——一个政府行为的组织制度与关系网络的竞争逻辑 [J]. 华南农业大学学报（社会科学版），9（3）：91–98.

[208] 张志坚，1994. 当代中国的人事管理（上）[M]. 北京：当代中国出版社 .

[209] 章文光，刘志鹏，2020. 注意力视角下政策冲突中地方政府的行为逻辑——基于精准扶贫的案例分析 [J]. 公共管理学报，17（4）：152–162+176.

[210] 赵建国，王瑞娟，2020. 政府注意力分配与中国社会保障事业发展——基于 1978—2019 年国务院政府工作报告内容的分析 [J]. 财经问题研究（11）：3–12.

[211] 赵静，薛澜，2017. 回应式议程设置模式——基于中国公共政策转型一类案例的分析 [J]. 政治学研究（3）：42-51+126.

[212] 折晓叶，陈婴婴，2011. 项目制的分级运作机制和治理逻辑——对“项目进村”案例的社会学分析 [J]. 中国社会科学（4）：126-148+223.

[213] 郑石明，2016. 政治周期、五年规划与环境污染——以工业二氧化硫排放为例 [J]. 政治学研究（2）：80-94+127-128.

[214] 郑思齐，孙伟增，吴璟，等，2014.“以地生财，以财养地”——中国特色城市建设投融资模式研究 [J]. 经济研究，49（8）：14-27.

[215] 郑思齐，万广华，孙伟增，等，2013. 公众诉求与城市环境治理 [J]. 管理世界（6）：72-84.

[216] 中国工程院，环境保护部，2011. 中国环境宏观战略研究：综合报告卷 [M]. 北京：中国环境科学出版社 .

[217] 中国环境保护部，2017.2016 中国环境状况公报 [R/OL].（2017）.https：//www.mee.gov.cn/hjzl/sthjzk/zghjzkgb/201706/P020170605833655914077.pdf.

[218] 中国环境报，2020a. 锡林郭勒盟：绿则存不绿则退 [EB/OL]// 内蒙古自治区生态环境厅 .（2020）[2022-08-26].https：//sthjt.nmg.gov.cn/sthjdt/ztzl/zyhjbhdczg/mzdt/202109/t20210903_1871762.html.

[219] 中国环境报，2020b. 伊春全力推进大气环境治理 [EB/OL]// 中国环境新闻网 .（2020）[2022-08-26].http：//www.cfej.net/city/202001/t20200107_757823.shtml.

[220] 中国青年报，2020. 还有哪些地方“重发展轻保护”[EB/OL].（2020）[2022-08-18].http：//zqb.cyol.com/html/2020-05/12/nw.D110000zgqnb_20200512_1-03.htm.

[221] 中华人民共和国生态环境部，2021. 中央第一生态环境保护督察组向吉林省反馈督察情况 [EB/OL]// 中华人民共和国生态环境部 .（2021）[2022-08-18].https：//www.mee.gov.cn/ywgz/zysthjbhdc/dcjl/202112/t20211212_963815.shtml.

[222] 中华人民共和国生态环境部，2022. 中央第一生态环境保护督察组向黑龙江省反馈督察情况 [EB/OL]// 中华人民共和国生态环境部 .（2022）[2022-08-26].https：//www.mee.gov.cn/ywgz/zysthjbhdc/dcjl/202203/t20220321_972081.shtml.

[223] 周飞舟，2009. 锦标赛体制 [J]. 社会学研究，24（3）：54-77+244.

[224] 周飞舟，2012. 财政资金的专项化及其问题——兼论“项目治国”[J]. 社会，32（1）：1-37.

[225] 周飞舟，2016. 论社会学研究的历史维度——以政府行为研究为例 [J]. 江海学刊（1）：103-109.

[226] 周黎安，2004. 晋升博弈中政府官员的激励与合作——兼论我国地方保护主义和重复建设问题长期存在的原因 [J]. 经济研究（6）：33-40.

[227] 周黎安，2007. 中国地方官员的晋升锦标赛模式研究 [J]. 经济研究（7）：36-50.

[228] 周黎安，2008. 转型中的地方政府：官员激励与治理 [M]. 上海：上海人民出版社 .

[229] 周黎安，2014. 行政发包制 [J]. 社会，34（6）：1-38.

[230] 周黎安，2016. 行政发包的组织边界兼论“官吏分途”

与“层级分流”现象 [J]. 社会，36（1）：34–64.

[231] 周黎安，李宏彬，陈烨，2005. 相对绩效考核：中国地方官员晋升机制的一项经验研究 [J]. 经济学报，1（1）：83–96.

[232] 曾润喜，朱利平，2021. 晋升激励抑制了地方官员环境注意力分配水平吗？[J]. 公共管理与政策评论，10（2）：45–61.

[233] 周雪光，2003. 组织社会学十讲 [M]. 北京：社会科学文献出版社 .

[234] 周雪光，2005.“逆向软预算约束”：一个政府行为的组织分析 [J]. 中国社会科学（2）：132–143+207.

[235] 周雪光，2008. 基层政府间的“共谋现象”——一个政府行为的制度逻辑 [J]. 社会学研究（6）：1–21+243.

[236] 周雪光，2011. 权威体制与有效治理：当代中国国家治理的制度逻辑 [J]. 开放时代（10）：67–85.

[237] 周雪光，2012. 运动型治理机制：中国国家治理的制度逻辑再思考 [J]. 开放时代（9）：105–125.

[238] 周雪光，2016. 从“官吏分途”到“层级分流”：帝国逻辑下的中国官僚人事制度 [J]. 社会，36（1）：1–33.

[239] 周雪光，艾云，葛建华，等，2018. 中国地方政府官员的空间流动：层级分流模式与经验证据 [J]. 社会，38（3）：1–45.

[240] 周雪光，练宏，2011. 政府内部上下级部门间谈判的一个分析模型 [J]. 中国社会科学（5）：80–96+221.

[241] 周雪光，练宏，2012. 中国政府的治理模式：一个“控制权”理论 [J]. 社会学研究，27（5）：69–93+243.

[242] 朱汉清，2012. 地方政府行为的政治经济学解释 [M].

郑州：郑州大学出版社 .

[243] 朱旭峰，2008. 转型期中国环境治理的地区差异研究——环境公民社会不重要吗？ [J]. 经济社会体制比较（3）：76–83.

[244] 朱旭峰，2011. 中国社会政策变迁中的专家参与模式研究 [J]. 社会学研究，25（2）：1–27+243.

[245] 朱旭峰，田君，2008. 知识与中国公共政策的议程设置：一个实证研究 [J]. 中国行政管理（6）：107–113.

[246] 朱旭峰，张友浪，2015. 创新与扩散：新型行政审批制度在中国城市的兴起 [J]. 管理世界（10）：91–105+116.

[247] 朱亚鹏，2010. 网络社会下中国公共政策议程设定模式的转型——基于“肝胆相照”论坛的分析 [J]. 中山大学学报（社会科学版），50（5）：159–166.

[248] 朱媛媛，2017. 漩涡空间：非正式关系与科层制关系研究 [J]. 江西社会科学，37（4）：221–228.

[249] 左才，2017. 社会绩效、一票否决与官员晋升——来自中国城市的证据 [J]. 公共管理与政策评论，6（3）：23–35.

英文参考文献

[1]Adolph C,Breunig C,Koski C,2020. The political economy of budget trade-offs[J]. Journal of Public Policy,40(1): 25-50.

[2]Aitchison J,1982. The statistical analysis of compositional data[J]. Journal of the Royal Statistical Society: Series B (Methodological),44(2): 139-160.

[3]Alexandrova P,2016. Explaining political attention allocation with the help of issue character: Evidence from the European Council[J]. European Political Science Review 8 (2016),Nr. 3,8(3): 405-425.

[4]Alexandrova P,Carammia M,Timmermans A,2012. Policy punctuations and issue diversity on the European Council agenda[J]. Policy Studies Journal,40(1): 69-88.

[5]Alexandrova P,Rasmussen A,Toshkov D,2016. Agenda responsiveness in the European Council: Public priorities,policy problems and political attention[J]. West European Politics,39(4): 605-627.

[6]Ames B,Goff E,1975. Education and defense expenditures in Latin America: 1948–1968[J]. Comparative public policy: issues,theories,and methods: 175-197.

[7]Anderson J R,2004. Cognitive psychology and its implications[M]. Worth Publishers.

[8]Andersson K P,Gibson C C,Lehoucq F,2006. Municipal politics and forest governance: Comparative analysis of decentralization in Bolivia and Guatemala[J]. World Development,34(3): 576-595.

[9]Andersson K P,Ostrom E,2008. Analyzing decentralized resource regimes from a polycentric perspective[J]. Policy sciences,41(1): 71-93.

[10]Ang Y Y,2016. How China escaped the poverty trap[M]// How China Escaped the Poverty Trap. Ithaca,Cornell University Press.

[11]Ansolabehere S,Snowberg E C,Snyder J M,2003. Statistical Bias in Newspaper Reporting: The Case of Campaign Finance[M]. MIT Department of Political Science Working Paper.

[12]Balles P,Matter U,Stutzer A,2018. Special interest groups versus voters and the political economics of attention[Z]. IZA Institute of Labor Economics: IZA Discussion Paper No. 11945.

[13]Bark T,Bell E,2019. Issue prioritization by bureaucratic leaders: The influence of institutional structure[J]. Administration & Society,51(6): 915-950.

[14]Barnett M L,2008. An attention-based view of real options reasoning[J]. Academy of management review,33(3): 606-628.

[15]Baumgartner F R,Green-Pedersen C,Jones B D,2006. Comparative studies of policy agendas[J]. Journal of European public policy,13(7): 959-974.

[16]Baumgartner F R,Jones B D,1993. Agendas and Instability in American Politics[M]. University of Chicago Press.

[17]Baumgartner F R,Jones B D,Mortensen P B,2018. Punctuated equilibrium theory: Explaining stability and change in public policymaking[J]. Theories of the policy process: 55-101.

[18]Beeson M,2010. The coming of environmental authoritarianism[J]. Environmental politics,19(2): 276-294.

[19]Bentzen E,Christiansen J K,Varnes C J,2011. What attracts decision makers' attention? Managerial allocation of time at product development portfolio meetings[J]. Management Decision,49(3): 330-349.

[20]Berry W D,1986. Testing budgetary theories with budgetary data: Assessing the risks[J]. American Journal of Political Science,30(3): 597-627.

[21]Berry W D,David Lowery,1990. An alternative approach to understanding budgetary trade-offs[J]. American Journal of Political Science,34(3): 671-705.

[22]Bettcher K E,2005. Factions of interest in Japan and Italy: the organizational and motivational dimensions of factionalism[J]. Party Politics,11(3): 339-358.

[23]Bevan S,Jennings W,2014. Representation,agendas and institutions[J]. European Journal of Political Research,53(1): 37-56.

[24]Bhavnani R R,Lee A,2018. Local embeddedness and bureaucratic performance: evidence from India[J]. The Journal of Politics,80(1): 71-87.

[25]Blei D M,2012. Probabilistic topic models[J]. Communications of the ACM,55(4): 77-84.

[26]Blei D M,Lafferty J D,2007. A correlated topic model of

science[J]. The annals of applied statistics,1(1): 17-35.

[27]Blei D M,Lafferty J D,2009. Topic models[M]//Text minin g:classification,clustering,and applications. Chapman and Hall/CRC: 101-124.

[28]Blei D M,Ng A Y,Jordan M I,2003. Latent dirichlet allocation[J]. the Journal of machine Learning research(3): 993-1022.

[29]Bo Z,2017. The 16th Central Committee of the Chinese Communist Party: formal institutions and factional groups[M]// Critical Readings on the Communist Party of China (4 Vols. Set). Brill: 887-929.

[30]Bouckaert G,Halligan J,2007. Managing performance: International comparisons[M]. Routledge.

[31]Bouquet C,Morrison A,Birkinshaw J,2009. International attention and multinational enterprise performance[J]. Journal of International Business Studies,40(1): 108-131.

[32]Brasil F,Capella A C N,Fagan E j.,2020. Policy Change in Brazil: New Challenges for Policy Analysis in Latin America[J]. Latin American Policy,11(1): 24-41.

[33]Breeman G,Lowery D,Poppelaars C,et al.,2009. Political Attention in a Coalition System: Analysing Queen' s Speeches in the Netherlands 1945–2007[J]. Acta Politica,44(1): 1-27.

[34]Breeman G,Scholten P,Timmermans A,2015. Analysing Local Policy Agendas: How Dutch Municipal Executive Coalitions Allocate Attention[J]. Local Government Studies,41(1): 20-43.

[35]Brennan J P,2003. Poor People' s Politics: Peronist Survival

Networks and the Legacy of Evita[M]. Duke University Press.

[36]Brielmaier C,Friesl M,2021. Pulled in all directions: Open strategy participation as an attention contest[J]. Strategic Organization(7): 1-12.

[37]Brielmaier C,Friesl M,2022. The attention-based view: Review and conceptual extension towards situated attention[J]. International Journal of Management Reviews(7): 1-31.

[38]Budge I,Klingemann H D,Volkens A,et al.,2001. Mapping policy preferences: estimates for parties,electors,and governments,1945-1998: Vol. 1[M]. Oxford University Press on Demand.

[39]Cai X,Lu Y,Wu M,et al.,2016. Does environmental regulation drive away inbound foreign direct investment? Evidence from a quasi-natural experiment in China[J]. Journal of Development Economics,123: 73-85.

[40]Calvo-González O,Eizmendi A,Reyes G J,2018. Winners never quit,quitters never grow: using text mining to measure policy volatility and its link with long-term growth in latin America[J]. World Bank Policy Research Working Paper(8310).

[41]Caputo D A,1975. New perspectives on the public policy implications of defense and welfare expenditures in four modern democracies: 1950–1970[J]. Policy Sciences,6(4): 423-446.

[42]Carpenter D,2020. The forging of bureaucratic autonomy: Reputations,Networks,and Policy Innovations in Executive Agencies,1862–1928[M]//The Forging of Bureaucratic Autonomy. Princeton University Press.

[43]Carter N,Mol A P,2013. Environmental governance in China[M]. Routledge.

[44]Cary C D,1977. A technique of computer content analysis of transliterated Russian language textual materials: A research note[J]. American Political Science Review,71(1): 245-251.

[45]Chan H S,Gao J,2008. Performance measurement in Chinese local governments: Guest editors' introduction[J]. Chinese Law & Government,41(2-3): 4-9.

[46]Chan K N,Zhao S,2016. Punctuated Equilibrium and the Information Disadvantage of Authoritarianism: Evidence from the People' s Republic of China[J]. Policy Studies Journal,44(2): 134-155.

[47]Chen J,Pan J,Xu Y,2015. Sources of Authoritarian Responsiveness: A Field Experiment in China[J]. American Journal of Political Science,60(2): 383-400.

[48]Chen T,Kung J S,2016. Do land revenue windfalls create a political resource curse? Evidence from China[J]. Journal of Development Economics,123: 86-106.

[49]Chen Xi,2009. Decentralized Authoritarianism in China: the Communist Party' s control of local elites in the post-Mao era[J]. The Journal of Asian Studies,68: 1256.

[50]Chen Y,Li H,Zhou L A,2005. Relative performance evaluation and the turnover of provincial leaders in China[J]. Economics Letters,88(3): 421-425.

[51]Choi E K,2012. Patronage and performance: factors in the political mobility of provincial leaders in post-Deng China[J]. The

China Quarterly,212: 965-981.

[52]Chubb J,1982. Patronage,power and poverty in southern Italy: a tale of two cities[M]. Cambridge University Press.

[53]Ciabuschi F,Dellestrand H,Martín Martín O,2015. Internal embeddedness,headquarters involvement,and innovation importance in multinational enterprises[M]//Knowledge,Networks and Power. Springer: 284-317.

[54]Clausen A R,1973. How congressmen decide: a policy focus[M]. St. Martin' s Press.

[55]Cummins J,2010. The partisan considerations of the president' s agenda[J]. Polity,42(3): 398-422.

[56]Cyert R M,March J G,1963. A behavioral theory of the firm: Vol. 2[M]. Englewood Cliffs,NJ.

[57]DiMaggio P,Nag M,Blei D,2013. Exploiting affinities between topic modeling and the sociological perspective on culture: Application to newspaper coverage of US government arts funding[J]. Poetics,41(6): 570-606.

[58]Distelhorst G,Hou Y,2017. Constituency service under nondemocratic rule: Evidence from China[J]. The Journal of Politics,79(3): 1024-1040.

[59]Eaton S,Kostka G,2014. Authoritarian environmentalism undermined? Local leaders' time horizons and environmental policy implementation in China[J]. The China Quarterly,218: 359-380.

[60]Economy E. C.,2011. The river runs black: The environmental challenge to China' s future[M]. Cornell University Press.

[61]Edin M,2003. State capacity and local agent control in China: CCP cadre management from a township perspective[J]. The China Quarterly,173: 35-52.

[62]Edward L,Rosen S,1981. Rank--Ordered tournaments as optimal labor contracts[J]. Journal of Political Economy,89: 841-864.

[63]Eggers J P,Kaplan S,2009. Cognition and renewal: Comparing CEO and organizational effects on incumbent adaptation to technical change[J]. Organization Science,20(2): 461-477.

[64]Egorov G,Sonin K,2011. Dictators and their viziers: Endogenizing the loyalty-competence trade-off[J]. Journal of the European Economic Association,9(5): 903-930.

[65]Eshbaugh-Soha M,2005. The politics of presidential agendas[J]. Political Research Quarterly,58(2): 257-268.

[66]Evans P B,1995. Embedded Autonomy: States and Industrial Transformation: Vol. 25[M]. Cambridge University Press.

[67]Feng Y,Wang X,Hu S,2021. Accountability audit of natural resource,air pollution reduction and political promotion in China: Empirical evidence from a quasi-natural experiment[J]. Journal of Cleaner Production,287: 125002.

[68]Flemming R B,Wood B D,Bohte J,1999. Attention to issues in a system of separated powers: The macrodynamics of American policy agendas[J]. The Journal of Politics,61(1): 76-108.

[69]Folke O,Hirano S,Snyder J M,2011. Patronage and elections in US states[J]. American Political Science Review,105(3): 567-585.

[70]Froio C,Bevan S,Jennings W,2017. Party mandates and the politics of attention: party platforms,public priorities and the policy agenda in Britain[J]. Party Politics,23(6): 692-703.

[71]Gao J,2009. Governing by goals and numbers: A case study in the use of performance measurement to build state capacity in China[J]. Public Administration and Development,29(1): 21-31.

[72]Garand J C,Hendrick R M,1991. Expenditure tradeoffs in the American States: A longitudinal Test,1948-1984[J]. Western Political Quarterly,44(4): 915-940.

[73]García L R,2021. the impact of empirical evidence on policy-maker attention: a field experiment on members of the european parliament[J]. Working Papers.

[74]Genakos C,Pagliero M,2012. Interim rank,risk taking,and performance in dynamic tournaments[J]. Journal of Political Economy,120(4): 782-813.

[75]Gerner D J,Schrodt P A,Francisco R A,et al.,1994. Machine coding of event data using regional and international sources[J]. International Studies Quarterly,38(1): 91-119.

[76]Gilardi F,Shipan C R,Wüest B,2021. Policy diffusion: The issue-definition stage[J]. American Journal of Political Science,65(1): 21-35.

[77]Gilley B,2012. Authoritarian environmentalism and China' s response to climate change[J]. Environmental politics,21(2): 287-307.

[78]Golding W F,2011. Incentives for change: China' s cadre system applied to water quality[J]. Pacific Rim Law & Policy

Journal,20: 399-429.

[79]Gong T,2009. Institutional learning and adaptation: Developing state audit capacity in China[J]. Public Administration and Development,29(1): 33-41.

[80]Granovetter M,1985. Economic action and social structure: The problem of embeddedness[J]. American journal of sociology,91(3): 481-510.

[81]Grossman G M,Krueger A B,1995. Economic growth and the environment[J]. The quarterly journal of economics,110(2): 353-377.

[82]Harzing A W,2000. Cross-national industrial mail surveys: why do response rates differ between countries?[J]. Industrial Marketing Management,29(3): 243-254.

[83]Hayes M D,1975. Policy consequences of military participation in politics: An analysis of tradeoffs in Brazilian federal expenditures[J]. Comparative Public Policy: 21-52.

[84]Heberer T,Trappel R,2013. Evaluation processes,local cadres' behaviour and local development processes[J]. Journal of Contemporary China,22(84): 1048-1066.

[85]Heitschusen V,Young G,2006. Macropolitics and Changes in the US Code: Testing Competing Theories of Policy Production,1874–1946[C]//The macropolitics of Congress. Princeton University Press Princeton: 129-150.

[86]Hendrick R M,Garand J C,1991. Expenditure tradeoffs in the US states: A pooled analysis[J]. Journal of Public Administration Research and Theory,1(3): 295-318.

[87]Hillard D,Purpura S,Wilkerson J,2007. An active learning framework for classifying political text[C]//Annual Meeting of the Midwest Political Science Association. Chicago.

[88]Hillard D,Purpura S,Wilkerson J,2008. Computer-assisted topic classification for mixed-methods social science research[J]. Journal of Information Technology & Politics,4(4): 31-46.

[89]Hillman B,2014. Patronage and power: Local state networks and party-state resilience in rural China[M]. Stanford University Press.

[90]Ho D E,Quinn K M,2008. Measuring explicit political positions of media[J]. Quarterly Journal of Political Science,3(4): 353-377.

[91]Holmstrom B,1982. Moral hazard in teams[J]. The Bell journal of economics: 324-340.

[92]Holmstrom B,Milgrom P,1991. Multitask Principal-Agent Analyses: Incentive Contracts,Asset Ownership,and Job Design[J]. Journal of Law,Economics,& Organization,7: 24-52.

[93]Holmstrom B,Milgrom P,1994. The Firm as an Incentive System[J]. The American Economic Review,84(4): 972-991.

[94]Holsti O R,Brody R A,North R C,1964. Measuring Affect and Action in Inter National Reaction Models: Empirical Materials From the 1962 Cuban Crisis[J]. Journal of Peace Research,1(3-4): 170-189.

[95]Hu A,Yan Y,Liu S,2010. The “Planning Hand” under the market economy-evidence from energy intensity[J]. China Ind. Econ,268: 26-35.

[96]Huang C,Su J,Xie X,et al.,2015. A bibliometric study of China' s science and technology policies: 1949–2010[J]. Scientometrics,102(2): 1521-1539.

[97]Huang Y,2002. Managing Chinese bureaucrats: an institutional economics perspective[J]. Political studies,50(1): 61-79.

[98]Hung S C,2005. The plurality of institutional embeddedness as a source of organizational attention differences[J]. Journal of Business Research,58(11): 1543-1551.

[99]Hurrelmann A,Zuzana Krell-Laluhová,Nullmeier F,et al.,2009. Why the democratic nation-state is still legitimate: A study of media discourses[J]. European Journal of Political Research,48(4): 483-515.

[100]Ike N,1972. Japanese Politics: Patron-Client Democracy[M]. Knopf Books for Young Readers.

[101]Jackson J E,2002. A seemingly unrelated regression model for analyzing multiparty elections[J]. Political Analysis,10(1): 49-65.

[102]Jahiel A R,1998. The organization of environmental protection in China[J]. The China Quarterly,156: 757-787.

[103]James W,Burkhardt,F.,Bowers,F.,et al.,1890. The principles of psychology: Vol. 1[M].Macmillan.

[104]Jennifer P,2019. How Chinese Officials Use the Internet to Construct Their Public Image[J]. Political Science Research and Methods,7(2): 197-213.

[105]Jennings W,Bevan S,John P,2011. The Agenda of British Government: The Speech from the Throne,1911-2008[J]. Political

Studies,59(1): 74-98.

[106]Jennings W,Bevan S,Timmermans A,et al.,2011. Effects of the core functions of government on the diversity of executive agendas[J]. Comparative Political Studies,44(8): 1001-1030.

[107]Jennings W,John P,2009. The dynamics of political attention: public opinion and the Queen' s Speech in the United Kingdom[J]. American Journal of Political Science,53(4): 838-854.

[108]Jia K,Chen S,2019. Could campaign-style enforcement improve environmental performance? Evidence from China' s central environmental protection inspection[J]. Journal of environmental management,245: 282-290.

[109]Jia R,Kudamatsu M,Seim D,2015. Political selection in China: The complementary roles of connections and performance[J]. Journal of the European Economic Association,13(4): 631-668.

[110]Jiang J,2018. Making bureaucracy work: Patronage networks,performance incentives,and economic development in China[J]. American Journal of Political Science,62(4): 982-999.

[111]Jiang J,Meng T,Zhang Q,2019. From Internet to social safety net: The policy consequences of online participation in China[J]. Governance,32(3): 531-546.

[112]Jiang J,Wallace J,2017. Informal institutions and authoritarian information systems: Theory and evidence from China[J]. Available at SSRN 2992165.

[113]Jiang J,Zeng Y,2020. Countering Capture: Elite Networks and Government Responsiveness in China' s Land Market Reform[J]. The Journal of Politics,82(1): 13-28.

[114]Jiang J,Zhang M,2020. Friends with benefits: Patronage networks and distributive politics in China[J]. Journal of Public Economics,184: 104143.

[115]Jiang Q,Yang S,Tang P,et al.,2020. Promoting the polluters? The competing objectives of energy efficiency,pollutant emissions,and economic performance in Chinese municipalities[J]. Energy Research & Social Science,61: 101365.

[116]John P,2006. The policy agendas project: a review[J]. Journal of European Public Policy,13(7): 975-986.

[117]Jones B D,1994. Reconceiving decision-making in democratic politics: Attention,choice,and public policy[M]. University of Chicago Press.

[118]Jones B D,Baumgartner F R,2005a. The politics of attention: How government prioritizes problems[M]. University of Chicago Press.

[119]Jones B D,Baumgartner F R,2005b. A model of choice for public policy[J]. Journal of Public Administration Research and Theory,15(3): 325-351.

[120]Katznelson I,Lapinski J S,2006. The substance of representation: studying policy content and legislative behavior[C]// The Macropolitics of Congress. Princeton University Press Princeton,NJ: 96-126.

[121]Keen M,Marchand M,1997. Fiscal competition and the pattern of public spending[J]. Journal of public economics,66(1): 33-53.

[122]Keller F B,2016. Moving beyond factions: using social

network analysis to uncover patronage networks among Chinese elites[J]. Journal of East Asian Studies,16(1): 17-41.

[123]Kingdon J W,Stano E,1984. Agendas,alternatives,and public policies: Vol. 45[M]. Little,Brown Boston.

[124]Klingemann H D,Volkens A,Bara J,et al.,2006. Mapping policy preferences Ⅱ : estimates for parties,electors,and governments in Eastern Europe,European Union,and OECD 1990-2003: Vol. 2[M]. Oxford University Press on Demand.

[125]Klüver H,Sagarzazu I,2016. Setting the agenda or responding to voters? Political parties,voters and issue attention[J]. West European Politics,39(2): 380-398.

[126]Klüver H,Spoon J J,2016. Who responds? Voters,parties and issue attention[J]. British Journal of Political Science,46(3): 633-654.

[127]Kostka G,Mol A P,2013. Implementation and participation in China' s local environmental politics: challenges and innovations[J]. Journal of Environmental Policy & Planning,15(1): 3-16.

[128]Kostka G,Nahm J,2017. Central–local relations: Recentralization and environmental governance in China[J]. The China Quarterly,231: 567-582.

[129]Kostka G,Zhang C,2018. Tightening the grip: environmental governance under Xi Jinping[M]//Environmental Politics: Vol. 27. Taylor & Francis: 769-781.

[130]Krippendorff K,2018. Content analysis: An introduction to its methodology[M]. Sage publications.

[131]Kwon N,Zhou L,Hovy E,et al.,2007. Identifying and classifying subjective claims[C]//The 7th Annual International Conference on Digital Government Research.Digital Government Research Center.

[132]Landman T,Lauth H J,2019. Political Trade-Offs: Democracy and Governance in a Changing World[J]. Politics and Governance,7(4): 237-242.

[133]Landry P F,2008. Decentralized Authoritarianism in China: the Communist Party' s control of local elites in the post-Mao era: Vol. 1[M]. Cambridge University Press New York.

[134]Landry P F,Lü X,Duan H,2018. Does performance matter? Evaluating political selection along the Chinese administrative ladder[J]. Comparative Political Studies,51(8): 1074-1105.

[135]Lee F,2006. Agenda Content and Senate Party Polarization,1981–2004[C]//the Annual Meeting of the Midwest Political Science Association. Chicago.

[136]Li H,Gore L L,2018. Merit-based patronage: Career incentives of local leading cadres in China[J]. Journal of Contemporary China,27(109): 85-102.

[137]Li H,Zhou L A,2005. Political turnover and economic performance: the incentive role of personnel control in China[J]. Journal of public economics,89(9-10): 1743-1762.

[138]Liang J,2014. Who maximizes (or satisfices) in performance management? An empirical study of the effects of motivation-related institutional contexts on energy efficiency policy in China[J]. Public Performance & Management Review,38(2): 284-

315.

[139]Liang J,Langbein L,2015. Performance management,high-powered incentives,and environmental policies in China[J]. International Public Management Journal,18(3): 346-385.

[140]Lieberthal K,1997. China' s governing system and its impact on environmental policy implementation[J]. China environment series,1(1997): 3-8.

[141]Lieberthal K,Oksenberg M,2020. Policy making in China[M]. Princeton University Press.

[142]Light P,1999. The president' s agenda: Domestic policy choice from Kennedy to Clinton[M]. JHU Press.

[143]Lipsmeyer C S,Philips A Q,Rutherford A,et al.,2019. Comparing dynamic pies: A strategy for modeling compositional variables in time and space[J]. Political Science Research and Methods,7(3): 523-540.

[144]Liu N N,Lo C W H,Zhan X,et al.,2015. Campaign-style enforcement and regulatory compliance[J]. Public Administration Review,75(1): 85-95.

[145]Liu Y,She Y,Liu S,et al.,2022. Can the Leading Officials' Accountability Audit of Natural Resources policy stimulate Chinese heavy-polluting enterprises' green behavior?[J]. Environmental Science and Pollution Research(29): 47772-47799.

[146]Lo K,2015. How authoritarian is the environmental governance of China?[J]. Environmental Science & Policy,54: 152-159.

[147]Lu X,Lorentzen P L,2018. Personal ties,meritocracy,and

China' s anti-corruption campaign[R]. Working paper,University of San Francisco.

[148]Ma X,Shahbaz M,Song M,2021. Off-office audit of natural resource assets and water pollution: a quasi-natural experiment in China[J]. Journal of Enterprise Information Management (ahead-of-print).

[149]March J G,Olsen J P,Christensen S,1979. Ambiguity and choice in organizations[M]. Universitetsforlaget.

[150]March J G,Simon H A,1958. Organizations[M]. Wiley.

[151]Martin L W,2004. The government agenda in parliamentary democracies[J]. American Journal of Political Science,48(3): 445-461.

[152]Maskin E,Qian Y,Xu C,2000. Incentives,information,and organizational form[J]. The review of economic studies,67(2): 359-378.

[153]Matland R E,1995. Synthesizing the implementation literature: The ambiguity-conflict model of policy implementation[J]. Journal of public administration research and theory,5(2): 145-174.

[154]Mei C,2009. Brings the politics back in: Political incentive and policy distortion in China[M]. University of Maryland,College Park.

[155]Meng Q,Ziteng Fan,2022. Punctuations and diversity: exploring dynamics of attention allocation in China' s E-government agenda[J]. Policy Studies,43(3): 502-521.

[156]Mertha A,2008. China' s Water Warriors: Citizen Action and Policy Change[M]. Cornell University Press.

[157]Mikhailov N,Niemi R G,Weimer D L,2002a. Application of Theil group logit methods to district-level vote shares: tests of prospective and retrospective voting in the 1991,1993,and 1997 Polish elections[J]. Electoral Studies,21(4): 631-648.

[158]Mikhailov N,Niemi R G,Weimer D L,2002b. Application of Theil group logit methods to district-level vote shares: tests of prospective and retrospective voting in the 1991,1993,and 1997 Polish elections[J]. Electoral Studies,21(4): 631-648.

[159]Miller I M,2013. Rebellion,crime and violence in Qing China,1722–1911: A topic modeling approach[J]. Poetics,41(6): 626-649.

[160]Mol A P,Carter N T,2006. China' s environmental governance in transition[J]. Environmental politics,15(2): 149-170.

[161]Newman D,Lau J H,Grieser K,et al.,2010. Automatic evaluation of topic coherence[C]//Human language technologies: The 2010 annual conference of the North American chapter of the association for computational linguistics. 100-108.

[162]Nicholson-Crotty S,Theobald N A,Wood B D,2006. Fiscal federalism and budgetary tradeoffs in the American states[J]. Political Research Quarterly,59(2): 313-321.

[163]Nilsson M,Weitz N,2019. Governing trade-offs and building coherence in policy-making for the 2030 agenda[J]. Politics and Governance,7(4): 254-263.

[164]O'Brien K J,Li L,2017. Selective policy implementation in rural China[M]//Critical Readings on the Communist Party of China (4 Vols. Set). Brill: 437-460.

[165]Ocasio W,1995. The enactment of economic adversity: A reconciliation of theories of failure-induced change and threat-rigidity[J]. Research in organizational behavior,17: 287-331.

[166]Ocasio W,1997. Towards an attention-based view of the firm[J]. Strategic management journal,18(SI): 187-206.

[167]Ocasio W,2011. Attention to attention[J]. Organization science,22(5): 1286-1296.

[168]Ocasio W,Joseph J,2008. Rise and fall-or transformation?: The evolution of strategic planning at the General Electric Company,1940–2006[J]. Long range planning,41(3): 248-272.

[169]Olsen J P,1970.Local budgeting,decison-making or a ritual act?[J]. Scandinavian Political Studies,5(A5): 85-118.

[170]Opper S,Brehm S,2007. Networks versus performance: Political leadership promotion in China[Z]. Department of Economics,Lund University.

[171]Opper S,Nee V,Brehm S,2015. Homophily in the career mobility of China' s political elite[J]. Social science research,54: 332-352.

[172]Otjes S,Green-Pedersen C,2019. When do political parties prioritize labour? Issue attention between party competition and interest group power[J]. Party politics,27(4): 619-630.

[173]Pan J J,2015. Buying Inertia: Preempting Social Disorder with Selective Welfare Provision in Urban China[M]. Harvard University.

[174]Perlow L A,1999. The time famine: Toward a sociology of work time[J]. Administrative science quarterly,44(1): 57-81.

[175]Peroff K,1976. The warfare-welfare tradeoff: health,public aid and housing[J]. J. Soc. & Soc. Welfare,4: 366.

[176]Peroff K,Podolak-Warren M,1979. Does Spending on Defence Cut Spending on Health?: A Time-Series Analysis of the US Economy 1929–74[J]. British Journal of Political Science,9(1): 21-39.

[177]Philips A Q,Rutherford A,Whitten G D,2016. Dynamic pie: A strategy for modeling trade-offs in compositional variables over time[J]. American Journal of Political Science,60(1): 268-283.

[178]Purpura S,Hillard D,2006. Automated classification of congressional legislation[C]//Proceedings of the 2006 international conference on Digital government research. 219-225.

[179]Pye L W,1995. Factions and the politics of guanxi: paradoxes in Chinese administrative and political behaviour[J]. The China Journal,34: 35-53.

[180]Qi Y,Zhu N,Zhai Y,et al.,2018. The mutually beneficial relationship of patents and scientific literature: topic evolution in nanoscience[J]. Scientometrics,115(2): 893-911.

[181]qinwf,2016. Jiebar: Chinese text segmentation with R[CP/OL]. (2016). https://github.com/qinwf/jiebaR.

[182]Quinn K M,Monroe B L,Colaresi M,et al.,2010. How to analyze political attention with minimal assumptions and costs[J]. American Journal of Political Science,54(1): 209-228.

[183]Ran R,2013. Perverse incentive structure and policy implementation gap in China' s local environmental politics[J]. Journal of Environmental Policy & Planning,15(1): 17-39.

[184]Ren C R,Guo C,2011. Middle managers' strategic role in the corporate entrepreneurial process: Attention-based effects[J]. Journal of management,37(6): 1586-1610.

[185]Rerup C,2009. Attentional triangulation: Learning from unexpected rare crises[J]. Organization Science,20(5): 876-893.

[186]Roback T H,Vinzant J C,1994. The constitution and the patronage-merit debate: Implications for personnel managers[J]. Public Personnel Management,23(3): 501-513.

[187]Robinson J A,Verdier T,2013. The political economy of clientelism[J]. The Scandinavian Journal of Economics,115(2): 260-291.

[188]Rochefort D A,Cobb R W,1993. Problem definition,agenda access,and policy choice[J]. Policy studies journal,21(1): 56-71.

[189]Röder M,Both A,Hinneburg A,2015. Exploring the Space of Topic Coherence Measures[C]//Proceedings of the Eighth ACM International Conference on Web Search and Data Mining. Association for Computing Machinery: 399-408.

[190]Rohde D,Ornstein N,Peabody R,1985. Political Change and Legislative Norms in the US Senate,1957–74[C]//Studies of Congress. Congressional Quarterly Press Washington: 147-188.

[191]Ross L,1984. The implementation of environmental policy in China: A comparative perspective[J]. Administration & Society,15(4): 489-516.

[192]Ross L,Nisbett R E,2011. The person and the situation: Perspectives of social psychology[M]. Pinter & Martin Publishers.

[193]Russett B M,1970. What Price Vigilance? The Burdens of

National Defense: Vol. 5[M]. Yale University Press.

[194]Russett B M,1982. Defense expenditures and national well-being[J]. American Political Science Review,76(4): 767-777.

[195]Schreifels J J,Fu Y,Wilson E J,2012. Sulfur dioxide control in China: policy evolution during the 10th and 11th Five-year Plans and lessons for the future[J]. Energy Policy,48: 779-789.

[196]Sevenans J,2018. How mass media attract political elites' attention[J]. European Journal of Political Research,57(1): 153-170.

[197]Shen W,2017. Who drives China' s renewable energy policies? Understanding the role of industrial corporations[J]. Environmental Development,21: 87-97.

[198]Shi C,Shi Q,Guo F,2019. Environmental slogans and action: The rhetoric of local government work reports in China[J]. Journal of Cleaner Production,238: 117886.

[199]Shih V,2004. Factions matter: personal networks and the distribution of bank loans in China[J]. Journal of Contemporary China,13(38): 3-19.

[200]Shih V,Adolph C,Liu M,2012. Getting ahead in the communist party: explaining the advancement of central committee members in China[J]. American political science review,106(1): 166-187.

[201]Sievert C,Shirley K,2014. LDAvis: A method for visualizing and interpreting topics[C]//Proceedings of the workshop on interactive language learning,visualization,and interfaces. 63-70.

[202]Simon H A,1947. Administrative behavior[M]. Free Press.

[203]simon H A,1957. models of man:social and rational[M].

Garland.

[204]Simon H A,1976. Administrative behavior;a study of decision-making processes in administrative organization[M]. NY Free Press.

[205]Stevens R,Moray N,Bruneel J,et al.,2015. Attention allocation to multiple goals: The case of for-profit social enterprises[J]. Strategic management journal,36(7): 1006-1016.

[206]Stokes S C,Dunning T,Nazareno M,et al.,2013. Brokers,voters,and clientelism: The puzzle of distributive politics[M]. Cambridge University Press.

[207]Su F,Tao R,Xi L,et al.,2012. Local officials' incentives and China' s economic growth: tournament thesis reexamined and alternative explanatory framework[J]. China & World Economy,20(4): 1-18.

[208]Taddy M,2012. On estimation and selection for topic models[C]//Artificial Intelligence and Statistics. PMLR: 1184-1193.

[209]Tang X,Liu Z,Yi H,2016. Mandatory targets and environmental performance: An analysis based on regression discontinuity design[J]. Sustainability,8(9): 931.

[210]Tang X,Wang Y,Yi H,2022. Data Manipulation through Patronage Networks: Evidence from Environmental Emissions in China[J]. Journal of Public Administration Research and Theory: muac019.

[211]Tetlock P E,1999. Coping with trade-offs: Psychological constraints and political implications[M]//Political reasoning and choice. Berkeley: University of California Press.

[212]Thornton P H,2001. Personal versus market logics of control: A historically contingent theory of the risk of acquisition[J]. Organization Science,12(3): 294-311.

[213]Thornton P H,2002. The rise of the corporation in a craft industry: Conflict and conformity in institutional logics[J]. Academy of management journal,45(1): 81-101.

[214]Thornton P H,Ocasio W,1999. Institutional logics and the historical contingency of power in organizations: Executive succession in the higher education publishing industry,1958–1990[J]. American journal of Sociology,105(3): 801-843.

[215]Tilt B,2007. The political ecology of pollution enforcement in China: a case from Sichuan' s rural industrial sector[J]. The China Quarterly,192: 915-932.

[216]Tirole J,1994. The internal organization of government[J]. Oxford economic papers: 1-29.

[217]Tomz M,Tucker J A,Wittenberg J,2002. An easy and accurate regression model for multiparty electoral data[J]. Political Analysis,10(1): 66-83.

[218]Toral G,2019. The benefits of patronage: How the political appointment of bureaucrats can enhance their accountability and effectiveness[J]. Documento de trabajo,Instituto Tecnológico de Massachusetts. Recuperado de https://www. guillermotoral. com/school_directors. pdf.

[219]Tsai L L,2007. Accountability without democracy: Solidary groups and public goods provision in rural China[M]. Cambridge University Press.

[220]van Donkelaar A,Hammer M S,Bindle L,et al.,2021. Monthly global estimates of fine particulate matter and their uncertainty[J]. Environmental Science & Technology,55(22): 15287-15300.

[221]Van Rooij B,2006. Implementation of Chinese environmental law: regular enforcement and political campaigns[J]. Development and Change,37(1): 57-74.

[222]Vliegenthart R,Walgrave S,Wouters R,et al.,2016. The media as a dual mediator of the political agenda–setting effect of protest. A longitudinal study in six Western European countries[J]. Social Forces,95(2): 837-859.

[223]Vroom V H, 1964. Work and motivation.[M]. John Wiley & Sons.

[224]Walgrave S,Boydstun A E,Vliegenthart R,et al.,2017. The nonlinear effect of information on political attention: Media storms and US congressional hearings[J]. Political Communication,34(4): 548-570.

[225]Walgrave S,Varone F,2008. Punctuated equilibrium and agenda-setting: Bringing parties back in: Policy change after the dutroux crisis in Belgium[J]. Governance,21(3): 365-395.

[226]Wang E H,2022. Frightened mandarins: the adverse effects of fighting corruption on local bureaucracy[J]. Comparative Political Studies,55(11): 1807-1843.

[227]Wang F,Wang M,Yin H,2022. Can campaign-style enforcement work: when and how? Evidence from straw burning control in China[J]. Governance,35(2): 545-564.

[228]Wang H,Di W,2002. The determinants of government environmental performance: an empirical analysis of Chinese townships[M]. Available at SSRN:636298.

[229]Wang M,2021. Environmental governance as a new runway of promotion tournaments: campaign-style governance and policy implementation in China' s environmental laws[J]. Environmental Science and Pollution Research,28(26): 34924-34936.

[230]Wang X,McCallum A,2006. Topics over time: a non-markov continuous-time model of topical trends[C]//Proceedings of the 12th ACM SIGKDD international conference on Knowledge discovery and data mining:424-433.

[231]Wang X,McCallum A,Wei X,2007. Topical n-grams: Phrase and topic discovery,with an application to information retrieval[C]//Seventh IEEE international conference on data mining (ICDM 2007). IEEE: 697-702.

[232]Wang Y,Minzner C F,2013. The Rise of the Security State[J]. SSRN Electronic Journal:222.

[233]Wang Z,2017. Government work reports: Securing state legitimacy through institutionalization[J]. The China Quarterly,229: 195-204.

[234]Weibust I,2013. Green Leviathan: The Case for a Federal Role in Environmental Policy[M]. Ashgate Publishing,Ltd.

[235]Westman L,Broto V C,2018. Climate governance through partnerships: A study of 150 urban initiatives in China[J]. Global Environmental Change,50: 212-221.

[236]Wilensky H L,1974. The welfare state and equality: Structural and ideological roots of public expenditures: Vol. 140[M]. Univ of California Press.

[237]Wilson J Q,1961. The economy of patronage[J]. Journal of political Economy,69(4): 369-380.

[238]Wu F,2013. Environmental activism in provincial China[J]. Journal of Environmental Policy & Planning,15(1): 89-108.

[239]Wu J,Deng Y,Huang J,et al.,2013. Incentives and outcomes: China' s environmental policy[R]. National Bureau of Economic Research.

[240]Wu M,Cao X,2021. Greening the career incentive structure for local officials in China: Does less pollution increase the chances of promotion for Chinese local leaders?[J]. Journal of Environmental Economics and Management,107: 102440.

[241]Wueest B,Clematide S,Bünzli A,et al.,2011. Electoral campaigns and relation mining: Extracting semantic network data from newspaper articles[J]. Journal of Information Technology & Politics,8(4): 444-463.

[242]Xian H,Qin G,2019. Alleviating Poverty or Discontent: The Impact of Social Assistance on Chinese Citizens' Views of Government[J]. China: An International Journal,17(1): 76-95.

[243]Xiong W,2018. The mandarin model of growth[R]. National Bureau of Economic Research.

[244]Xu C,2011. The fundamental institutions of China' s reforms and development[J]. Journal of economic literature,49(4):

1076-1151.

[245]Xue B,Mitchell B,Geng Y,et al.,2014. A review on China' s pollutant emissions reduction assessment[J]. Ecological Indicators,38: 272-278.

[246]Yan Y,Yang Z,Yuan C,2022. Political Attention in a Single-Leading-Party State: A Comparative Study of the Policy Agenda in China,2003–2019[J]. Journal of Comparative Policy Analysis: Research and Practice,24(2): 138-158.

[247]Yanovitzky I,2002. Effects of news coverage on policy attention and actions: A closer look into the media-policy connection[J]. Communication research,29(4): 422-451.

[248]Yao Y,Zhang M,2015. Subnational leaders and economic growth: Evidence from Chinese cities[J]. Journal of Economic Growth,20(4): 405-436.

[249]Yu J,Jennings E T,Butler J S,2019. Dividing the Pie: Parties,Institutional Limits,and State Budget Trade-Offs[J]. State Politics & Policy Quarterly,19(2): 236-258.

[250]Yu J,Zhou L A,Zhu G,2016. Strategic interaction in political competition: Evidence from spatial effects across Chinese cities[J]. Regional Science and Urban Economics,57: 23-37.

[251]Zhang X,2017. Implementation of pollution control targets in China: has a centralized enforcement approach worked?[J]. The China Quarterly,231: 749-774.

[252]Zheng S,Kahn M E,Sun W,et al.,2014. Incentives for China' s urban mayors to mitigate pollution externalities: The role of the central government and public environmentalism[J]. Regional

Science and Urban Economics,47: 61-71.

[253]Zheng W,Chen P,2020. The political economy of air pollution: Local development,sustainability,and political incentives in China[J]. Energy Research & Social Science,69: 101707.

[254]Zhu J,1992. Issue competition and attention distraction: A zero-sum theory of agenda-setting[J]. Journalism Quarterly,69(4): 825-836.

[255]Zhu Q,Li X,Li F,et al.,2020. Energy and environmental efficiency of China' s transportation sectors under the constraints of energy consumption and environmental pollutions[J]. Energy Economics,89: 104817.